KB274572

글누림 문화콘텐츠 총서 11

가상현실로 엿보는
신나는 경주왕릉 문화여행

저자 소개

신건권 호서대학교 경상학부 교수

글누림 문화콘텐츠 총서 11

가상현실로 엿보는 신나는 경주왕릉 문화여행

초판 인쇄 2005년 12월 16일
초판 발행 2005년 12월 24일
지은이 신건권
펴낸이 최종숙
편집 권분옥
펴낸곳 도서출판 글누림
주소 서울 성동구 성수2가 3동 301-80
전화 3409-2055
팩시밀리 3409-2059
등록 2005년 10월 5일 제303-2005-000038호
전자우편 nurim3888@hanmail.net
값 12,000원
ISBN 89-91990-10-X-03980

글누림 문화콘텐츠 총서 11

가상현실로 엿보는
신나는 경주왕릉 문화여행

신건권 저

글누림

문화콘텐츠 총서 발간에 부쳐

호서대학교 교수님들이 주축이 된 글누림 문화콘텐츠 총서의 발간을 축하합니다. 지금 우리가 살고 있는 21세기는 지식기반 사회로 들어서고 있는 바, 이러한 문화의 세기에 대학 교육도 초국적, 초학제, 초캠퍼스라는 새로운 환경에 적응해야 합니다. 이런 시대정신의 흐름에서 가장 필요한 것이 창의적인 도전정신입니다.

이번에 발간되는 문화콘텐츠 총서는 그러한 도전정신을 가지고 우리 대학의 연구자들이 이룩한 연구 업적입니다. 금번 1차 문화콘텐츠 총서에 이어 신개척의 문화 영역에서 창의적이고 도전적인 업적들을 담은 우리의 총서는 지속적으로 간행될 것입니다.

그간 우리 대학은 벤처정신을 극대화하고 특성화함으로써 비약적인 발전을 이룩해 왔으며, 하나님을 공경하고 사회와 인류에 기여하는 참사람을 길러내는 데 최선을 다해 왔습니다. 이번 총서도 바로 이 인재 양성의 목표를 위해 노력한 그간의 창조적이고 도전적인 젊은 벤처정신이 일구어낸 결실인 것입니다.

빛과 소금이 되라는 성경 말씀을 실천에 옮긴 문화콘텐츠 총서 기획단 및 집필자 여러분의 노고에 다시 한번 격려의 말씀을 드리는 바입니다.

호서대학교 총장 강 일 구

EDITOR'S NOTE

　2000년에 들어 '文化産業'이라는 이름으로 출발했던 것이 이제는 '문화콘텐츠'라는 이름으로 굳어져 다음 세대의 산업을 선도할 핵심 분야라는 평가를 듣고 있다. 문화산업이 아니라 문화콘텐츠산업이라고 그 명칭도 수정되어 지금은 문화콘텐츠산업을 진흥하기 위한 문화콘텐츠진흥원도 설립되었다. 또한 관련 학회도 활발히 활동하고 있다. 각각의 문화산업 분야의 학회는 말할 것도 없고 산업과는 거리가 멀 것 같은 人文 영역이 이젠 문화콘텐츠산업에 중추적 역할을 할 것이라는 사명감으로 인문콘텐츠학회도 만들었다.

　미국에 있는 학과 교수에게 문화콘텐츠를 영문으로 표기해야 할 일이 있었다. 한국문화콘텐츠진흥원의 영문 명칭을 참조해 'Culture and Content'라는 용어로써 표기했다. 잘 모르겠다는 눈치여서 우리가 생각하는 문화콘텐츠를 설명하니 그것은 문화산업이니 'Culture Industry'로 표기해야 하는 것이라고 했다. 영화나 게임 등 상업적 목적이 뚜렷한 것은 말할 것도 없고 한국문화원형사업이든, 韓流事業이든, 지역축제든 에듀테인먼트든 그 궁극적인 목적은 문화를 기반으로 한 산업화의 가능성이라는 것을 털어놓으라는 말이다. 사실 출발이 문화산업으로부터 출발했으니 그 문화산업의 내용을 문화콘텐츠라고 지시한다고 해서 산업적 속성이 사라지는 것은 아니다.

　문화산업이라고 하든, 문화콘텐츠산업이라고 하든 처음의 출발이 산업적 개념과 목적으로 시작된 것은 사실이다. 천박한 商魂은 모든 것을 상품화하기 마련이라고 나무라기 전에 가치를 인정받지 못하면 결국 존재적 의의마저도 상실될 수밖에 없는 가혹한 현실을 받아들여야 한다는 것이다. 지금의 상황이 인문학의 위기는 아니며, 인문학의 위기가 기초 학문의 위기는 더욱 아니며 학문의 위기는 더더욱 아니라고 한다. 오히려 탄탄한 기초 학문, 인문 학문이 문화산업의 가능성을 열어주니 학문으로서는 새로운 대응력을 갖는 것이라고 역설한다.

우리 대학은 산학 분야에서 단연 인정받고 있다. '벤처'를 학교의 모토로 삼은 것도 벤처 산업을 염두에 둔 것이 아니라 문자 그대로의 의미에서 '모험 정신'을 내세우기 위함이다. 이러한 의미에서의 모험 정신이 산학 분야에 집중되었다면 이제는 그 학술적 역량을 발휘할 때가 되었다. 이번 문화콘텐츠 총서의 정신은 바로 여기에 있다.

이 총서는 교양 있는 일반인을 위한 문화콘텐츠의 학술적 동향과 안내를 하는 것이 그 목적이다. 쉽고 간결한 문체를 선택하도록 했고 많은 그림과 도표로써 이해를 돕도록 했다. 모든 주석은 내용주로 처리하되 설명을 위한 최소한의 주석만 넣도록 했다. 단순 전거를 밝히는 주석은 참고문헌에서 몰밀어서 제시하도록 했다. 이러한 원칙을 정하고 모두 네 차례에 걸친 심포지엄을 열어 서로의 초안을 읽고 의견을 개진했다. 그러니 이 총서는 사실 개개의 집필자의 개성에 넘치는 저작이면서도 또한 공동 작업의 결과이기도 하다.

지금은 1차 총서이지만 향후 문화콘텐츠의 전 영역에 걸쳐 2, 3차 총서가 지속적으로 발간될 것이다. 이 작업이 문화콘텐츠라는 初有의 분야에 의미 있고 중요한 저술이 되길 희망한다.

호서대학교 한국어문화학부 국어국문학전공 김성룡

PROLOGUE

신라 천년 고도 경주의 옛 인구가 100만 명에 가깝다는 풍설(風說)이 있는데 정말일까요?
경주왕릉인 황남대총은 오늘날 아파트의 10층 높이라는데 정말일까요?
경주왕릉인 황남대총에서는 무려 7만여 점의 유물들이 출토되었다는데 사실일까요?
본서는 이러한 여러분의 의문들을 함께 풀어나가는 것으로부터 시작하고 있다.

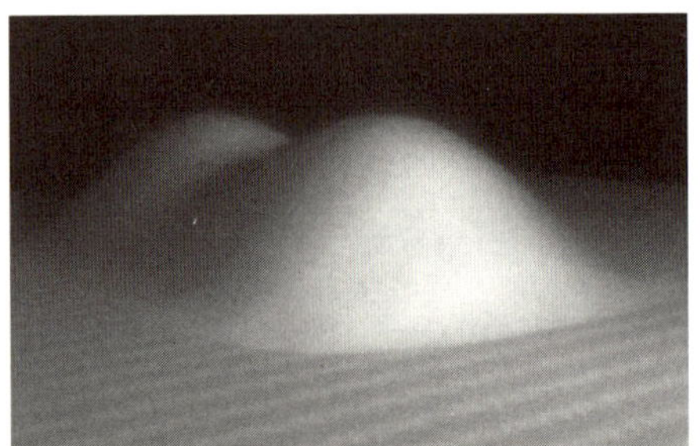

산업화가 진행되고 여유시간이 생기면서 현대인들은 휴양과 재창조(Recreation)의 목적으로 여행을 떠난다. 특히 청소년들은 주 5일제 수업의 실시로 이제 예전보다 체험학습(體驗學習)의 기회를 많이 가질 수 있게 되었다. 하지만 모든 체험학습이 직접 유적지를 방문해야 하는 것일까? 컴퓨터와 인터넷에 익숙해져 있는 청소년들은 앞으로 사이버공간(Cyberspace)에서의 여행을 선호하는 경우가 점차 많아질 것으로 예상된다.

신라의 왕경(王京)이면서 천년 고도인 경주를 처음 찾은 사람들은 도시를 바라보는 순간 아름다운 자연과 함께 어우러져 있는 수많은 왕릉(王陵)과 고분군(古墳群)을 쉽게 접할 수 있다. 특히 왕릉을 처음 본 관람객들은 그 웅대한 규모를 보고 다시 한번 놀란다. 경주시내 대릉원(大陵苑) 안에는 천마총(天馬塚)과 황남대총(皇南大塚)이 위치하고 있다. 천마총은 현재 일반인에게 공개되어 있지만, 천마총 바로 옆에 있는 황남대총은 거대한 봉분만이 쌓여져 있을 뿐 모든 유물들은 국립경주박물관 등에 보내져 전시되거나 보관되고 있는 중이다. 그래서 대릉원을 찾은 사람들은 천마총을 관람하고 난 후 황남대총을 보고 싶은 소망이 있다고 해도 그 꿈이 실현되기는 어렵다. 본서의 필자는 이러한 방문객들의 어려움을 해소하고, 컴퓨터와 인터넷에 익숙해져 있는 N세대들을 위해서 [대릉원 가상현실관(大陵苑 假想現實館)]을 제작하게 되었다.

그 옛날 황금(黃金)의 나라, 신라의 서라벌(徐羅伐) 땅에선 어떤 일이 벌어졌으며, 어떠한 문화가 펼쳐지고 있었을까? 천마총과 황남대총에 대한 발굴과정에서 출토된 금동관 등 많은 황금유물과 시신을 두르고 있었던 황금으로 제작된 치장들을 보면 신라는 정말 황금의 나라였으며, 왕들의 시신이 안치된 왕릉은 황금궁전이었다.

왜 신라인들은 거대한 규모의 왕릉을 만들었고, 그 속에 찬란한 황금빛 유물들을 부장(副葬)했을까? 그리고 많은 부장품 속에 숨겨져 있었던 비밀은 무엇이며, 신라인들이 미래를 내다보며 꿈꾸었던 세계는 무엇이었을까? 이러한 의문을 가지고 신라 천년의 꿈과 문화를 살펴보기로 하자. 그러면 본서를 읽고 있는 여러분도 시공간을 초월하여 왕릉 속에 숨겨진 신라 천년왕국의 비밀이 하나씩 우리들 앞에 펼쳐지고 있음을 느끼게 될 것이다.

신라의 고분과 왕릉은 당대의 정치·경제·사상·문화의 총체적 양상이 반영되어 있는 조영물(造營物)이기 때문에 매우 중요한 역사적 의미가 내포되어 있다. 따라서 경주왕릉에 대한 올바른 인식은 곧 신라의 역사를 이해하는 데 있어서 도움이 된다. 경주왕릉을 연구하

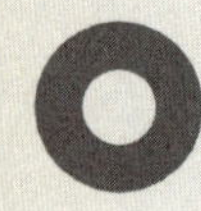

면서, 그리고 21세기 N세대(Network, or Digital Generation)를 위한 『가상현실로 엿보는 신나는 경주왕릉 문화여행』을 집필하기 시작하면서 필자는 경주왕릉의 세계에서 어떤 신비감마저 갖게 되었다. 또한 찬란한 유물들을 하나씩 소개하면서 정말 "해 아래 새 것이 없다"는 성경말씀(전도서 1장 9절)이 진리라는 생각도 가지게 되었다. 이탈리아의 폼페이가 많은 사람들에게 환락적인 도시로 알려져 왔지만, 그 이면에는 오늘날과 다름없는 건축 및 도로시설, 상하수도 시설이 완벽히 잘 갖추어진 매우 계획적인 도시였음을 알게 된다. 그러면 신라의 왕경인 경주는 그 옛날 어떠한 모습이었을까? 그리고 황남대총은 어떠한 구조를 가지고 있었고, 무덤 안에서는 어떠한 유물들이 출토되었을까? 이러한 의문들은 여러분이 본서를 읽어가면서, 그리고 [대릉원 가상현실관] VR(假想現實, Virtual Reality : VR)을 설치하여 작동시켜 보고, 소개 [영상물]을 관람하면서 점점 해결이 될 것이라 믿는다.

본서는 크게 네 개의 장으로 구성되어 있다.

제1장에서는 N세대의 개념과 특징을 고찰하고, 새로운 문화여행의 방법으로서 VR 기술이 활용될 수 있음을 보여주고 있다. 그리고 신라의 왕들의 계보, 신라역사와 왕릉, 신라 천년 고도 역사도시 경주의 과거와 현대의 모습, 경주문화관광자원 대릉원(천마총, 미추왕릉, 황남대총)에 대해서 간략히 소개하고 있다.

제2장에서는 사진과 영상을 통해서 N세대에게 경주문화에 대한 이해를 높여주기 위해서 경주왕릉을 소개하고 있다. 특히 [영상물](〈부록 CD〉 제공)을 통한 소개에서는 필자가 제작한 가상현실 제품인 [경주문화관광자원 대릉원 – 황남대총의 비밀]을 자세하게 설명하고 있다.

제3장에서는 놀랍고 신비로운 황남대총의 세계에 대해서 심층적으로 살펴보고 있다. 특히 황남대총의 구조와 출토된 유물들을 중심으로 설명하고 있다. 황남대총은 그 동안 일반

인들에게 잘 알려져 있지 않은 옛 무덤이다. 본서를 통해서 여러분은 왜 황남대총이 놀랍고 신비로운 무덤인지를 조금이나마 이해하게 될 것으로 확신한다.

제4장에서는 본서의 필자가 제작한 [대릉원 가상현실관](〈부록 CD〉 제공)을 설치하고 관람하는 방법을 소개하고 있다.

부록에서는 우리나라에서 제작된 경주왕릉 문화를 잘 소개할 수 있는 VR 제품들(경주시청과 문화재청의 파노라마 VR, 고경래 교수의 파노라마 VR, 사이버 국립경주박물관의 객체 VR)을 선별하여 소개하고 있다. 그리고 [문화여행을 위한 용어 사전]에서는 본서의 내용에 포함되어 있거나 경주왕릉 문화여행을 하는 데 필요한 용어들을 해설하였다.

본서가 나오기까지 필자는 많은 분들의 도움을 받았다. 먼저, [대릉원 가상현실관]을 제작할 수 있도록 재정지원을 해준 경주대학교와 〈문화콘텐츠총서〉의 집필이 가능하도록 재정지원을 해준 호서대학교에 감사한다. 특히 경주대학교 문화재학부에 재직하고 있는 강봉원 교수는 우리말 유물명을 영문으로 변경하는 작업을 도와주었다. 다음으로, [대릉원 가상현실관]과 [영상물]의 제작을 도와준 한컴기술의 최왕근 사장과 손진선 선생, 그리고 직원 여러분께도 진심으로 감사드린다. 아마도 이 분들의 헌신적인 노력이 없었다면 본서는 빛을 보지 못했을 것이다. 마지막으로, 오랫동안 가상현실 제품 제작과 집필과정에 매달리고 집착해 있는 동안 아낌없는 뒷바라지를 해준 가족들, 사랑하는 아내 경실과 두 아들 요한과 창조에게 고맙다는 말을 전하고 싶다. 그리고 본서의 출간을 허락해 주시고 편집을 위해 수고하신 도서출판 글누림의 임직원 여러분께도 깊은 감사의 말씀을 드린다.

태조산 기슭 연구실에서 저자 씀

CONTENTS

문화콘텐츠 총서 발간에 부쳐_5
EDITOR'S NOTE _ 6
PROLOGUE _ 8

1. N세대의 경주왕릉 문화 이해하기 · 14

  (1) N세대! 그들은 누구인가? · 14

  (2) N세대의 새로운 문화여행 찾기 · 16

  (3) VR이란? · 17

  (4) 신라역사와 왕들의 계보 · 19

  (5) 신라의 고분과 왕릉 · 25

  (6) 재미있고 놀라운 역사도시 경주 이야기 · 32

  (7) 경주문화관광자원 대릉원 · 43

2. 사진과 영상을 통해서 보는 경주왕릉 문화체험 · 56

  (1) 경주왕릉과의 만남 1 : 사진으로 미리 보는 경주왕릉 · 56

  (2) 경주왕릉과의 만남 2 : 영상으로 미리 보는 경주왕릉 · 87

3. 놀랍고 신비로운 황남대총의 세계 · 122

  (1) 황남대총의 구조 · 123

  (2) 황남대총의 출토 유물 · 134

4. VR을 통한 경주왕릉 엿보기 · 150

   (1) 대릉원 가상현실관의 설치 · 150

   (2) VR을 통한 경주왕릉 체험하기 · 155

부록 I 재미있고 신나는 VR 문화여행 · 171

   (1) 경주시청의 파노라마 VR 둘러보기 · 171

   (2) 문화재청의 파노라마 VR 둘러보기 · 176

   (3) 고경래 교수의 메타포 VR 경주탐방 · 181

   (4) 사이버 국립경주박물관의 객체 VR 둘러보기 · 185

부록 II 문화여행을 위한 용어 사전 · 194

참고문헌 · 210

표차례 · 212

그림차례 · 212

〈부록 CD〉 대릉원 가상현실관
       (경주 문화관광자원 대왕릉 - 황남대총의 비밀)

1. N세대의 경주왕릉 문화 이해하기

본 장에서는 N세대(Network Generation, or Digital Generation)의 개념과 특징을 고찰하고, 새로운 문화여행의 방법으로서 가상현실(Virtual Reality : VR) 기술이 활용될 수 있음을 보여준다. 그리고 신라의 왕들의 계보, 신라역사와 왕릉, 신라 천년 고도 경주의 옛 이야기와 현대의 모습, 경주문화관광자원 대릉원(천마총, 미추왕릉, 황남대총)에 대해서 소개한다.

(1) N세대! 그들은 누구인가?

우리들은 컴퓨터를 자유자재로 사용할 수 있느냐에 따라서 세대구분을 한다. 인터넷(Internet)을 자유자재로 사용할 수 있는 세대를 가리켜서 'N세대'(혹은 디지털세대)라고 부른다. N세대란 1977년부터 1997년 사이에 태어난 세대로 디지털 기술과 함께 성장해서 디지털 기기를 능숙하게 다룰 줄 아는 디지털문명 세대를 말한다.

N세대 문화의 몇 가지 특징을 살펴보자.

- N세대는 인터넷에서 그저 주어진 정보를 받아들이는 데 만족하지 않고 쌍방향의 상호작용을 통해 필요한 것을 스스로 찾으려는 적극성을 가지고 있다.
- N세대는 새로운 것을 숨 쉬며 끊임없이 더 나은 것을 추구한다. 인터넷은 열려진 빈 캔버스와 같다.
- N세대는 그들이 인터넷 밖에서 할 수 있는 것보다 폭넓은 사고와 의견, 그리고 논쟁들을 인터넷을 통해서 접할 수 있다고 주장한다.

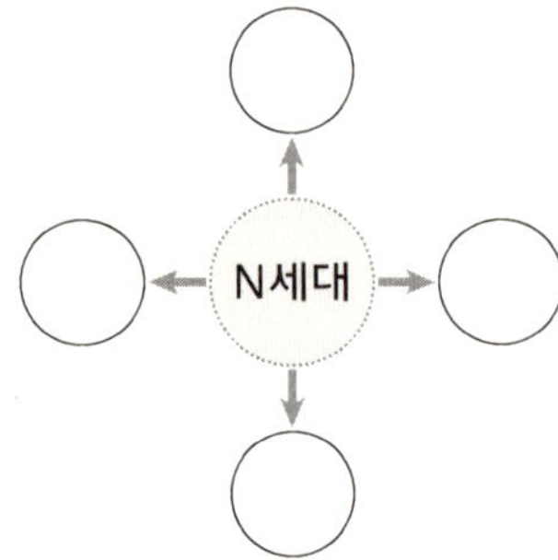

그림 1-1 당신의 N세대에 대한 이미지는 어떻습니까?

- N세대는 인터넷에서의 상호작용을 통해 탐구정신을 갖게 된다.
- N세대는 실시간의 세상을 맞이하게 되었고 모든 것이 빠르게 움직이기를 바란다.

집, 학교, 사무실 등 N세대 주위의 모든 공간에는 컴퓨터가 있고, 이들은 디지털시대의 새로운 미디어인 인터넷을 활용해 일방향이 아닌 쌍방향의 의사소통을 하며, 또한 TV보다 컴퓨터를 좋아하고 전화보다 e-메일에 더 익숙한 세대이다. 또한 이들은 아침에 신문을 폈을 때 정치면이나 사회경제 면보다는 TV프로나 문화, 스포츠 면을 먼저 본다.

우리나라에서도 최근에 학교에서 주 5일제를 시험적으로 운영하고 있다. 교사들은 학생들이 토요일과 일요일을 무의미하게 보내지 않도록 체험학습을 권장한다. 이에 따라 N세대들은 극장에 가서 유명한 가수의 공연을 관람하기도 하고, 음악 감상실에서 그들의 예술 혼을 달군다. 아니면 좋아하는 스포츠를 구경하고, 야외 자연체험학습을 하며, 유명한 문화유적지를 탐방하고, 박물관이나 미술관을 방문하여 관람을 한다.

체험학습은 N세대에게 훌륭한 학습과 문화체험의 기회를 제공한다. 그런데 N세대는 이러한 경험과 함께 인터넷이나 컴퓨터를 이용해서 자신이 선택한 주제에 대한 정보를 입수하거나, 디지털콘텐츠를 입수하여 작동해 보기를 좋아한다. 그들은 좋아하는 게임을 설치하여 창의력을 키우고, 자신이 원하는 웹 저작물들에 몰입한다. N세대는 이러한 활동들을 통해서 자신의 지식을 확장해 가며, 새로운 자기 영역을 개척해 나간다.

체험학습의 일환으로 역사유적지구(특히 경주역사유적지구)를 돌아보는 것도 N세대에게 있어서는 매우 뜻 있는 일이다. 그러나 유적지를 직접 방문하려면 많은 시간과 비용, 그리고 노력이 투입되어야 한다. N세대에게 적합한 새로운 문화여행의 방법은 없는 것일까?

(2) N세대의 새로운 문화여행 찾기

산업시대의 국가경쟁력을 중화학공업이 결정했다면, 21세기 '문화의 시대'에는 문화가 기간산업의 자리를 차지할 것으로 예상된다. 이러한 문화산업이 중시되는 사회에서는 문화유산의 접근성(accessibility)을 최소한으로 줄이기 위한 다양한 노력이 필요하다.

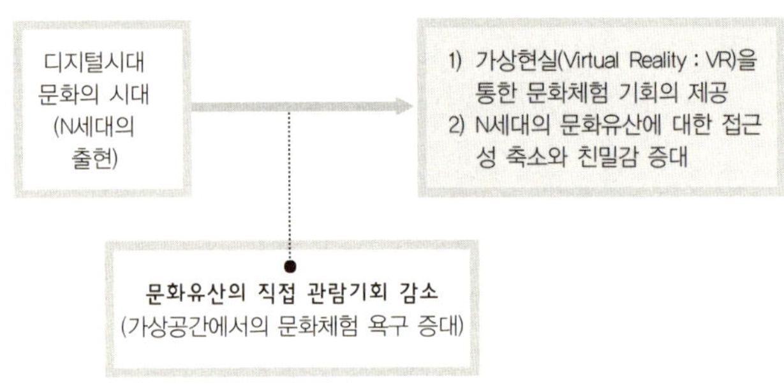

그림 1-2 N세대에게 문화유산에 관심을 가지게 하기 위한 방법들

특히 디지털시대의 핵심적인 세력으로 떠오르고 있는 N세대의 경우는 인터넷이 주도하는 사이버세계 속에서 생애를 살아가고 있다. 이들은 문화유산을 직접 방문하여 관람하는 것보다는 인터넷의 가상공간(cyber space) 속에서 모든 일을 처리하고자 하는 특성을 가지고 있다. 이들에게 문화유산에 대한 지적 호기심을 유발시키고 체험하며 우리나라의 역사와 문화에 대해서 관심을 가지게 하는 방법은 무엇일까?

우리나라에는 전국 도처에 수많은 문화유산들이 위치하고 있으며, 이에 대한 일반인들의 관심과 수요는 점증되고 있는 실정이다. 이에 반해 N세대로 불리는 청소년들은 문화와 전통

경주역사유적지구란?

경주역사유적지구는 신라천년(BC 57~AD 935)의 고도(古都)인 경주의 역사와 문화를 고스란히 담고 있는 불교유적, 왕경(王京 : 신라 수도인 옛 경주의 다른 이름) 유적이 잘 보존되어 있으며, 이미 세계유산(World Heritage)으로 등록된 일본의 교토, 나라의 역사유적과 비교하여 유적의 밀집도, 다양성이 더 뛰어난 유적으로 평가된다.

세계유산으로 등록된 경주역사유적지구는 신라의 역사와 문화를 한눈에 파악할 수 있을 만큼 다양한 유산이 산재해 있는 종합역사지구로서 유적의 성격에 따라 5개 지구로 나뉘어져 있다. 불교미술의 보고인 남산지구, 천년왕조의 궁궐터인 월성지구, 신라왕을 비롯한 고분군 분포지역인 대릉원지구, 신라불교의 정수인 황룡사지구, 왕경 방어시설의 핵심인 산성지구로 구분되어 있으며, 52개의 지정문화재가 세계문화유산지역에 포함되어 있다.

에 대한 관심이 성인들에 비해 저조한 편이며, 특성상 문화유산을 직접 방문하려는 의지가 약하고 인터넷에 쉽게 접근하는 성향을 가지고 있다. 따라서 N세대들에게는 문화유적지에 대한 직접방문을 유도하기보다는 가상현실(Virtual Reality : VR)을 통해서 문화유산을 체험할 수 있는 기회를 제공하는 것이 필요하다.

이를 위해 본서에서는 21세기 N세대가 갖는 문화재 관람에 대한 특성상의 한계를 극복하고, 이들이 가상현실 속에서 문화유산에 쉽게 접근하고 VR 엿보기를 통해서 우리나라의 문화유산을 이해하는 데 도움을 줄 수 있는 방법들을 찾고자 한다. 이하에서는 찬란했던 신라천년 고도 경주의 역사와 문화를 개괄적으로 소개하고, 유네스코가 세계문화유산으로 지정한 '대릉원 지구'를 대상으로 제작한 VR제품인 '대릉원 가상현실관'과 이의 내용을 소개하는 데 초점을 두고 논의를 진행할 것이다.

(3) VR이란?

가상현실(Virtual Reality : VR)이란 가공의 세계에 현실감을 가지게 하는 기술을 말한다. 이에는 ① 파노라마 VR(Panorama Virtual Reality : PVR)과 ② 객체 VR(Object Virtual Reality : OVR)이 있다. 전자는 온라인상의 인터넷 사용자가 실제의 공간을 방문하지 않고 방문한 것과 동일한 효과를 내는 기술로 상하좌우 360도를 현실과 같이 둘러볼 수 있도록 구현된다. 후자는 파노라마 VR과 반대되는 개념으로 객체(VR제품)를 회전시키면서 볼 수 있는 형태이다. 본서에서 소개하는 '대릉원 가상현실관'은 OVR로 제작된 제품이다.

VR이 적용될 수 있는 분야는 역사유적지, 전시장/박물관, 모델하우스, 기업/매장, 호텔/펜션, 레저/관광 등의 제품제작이다.

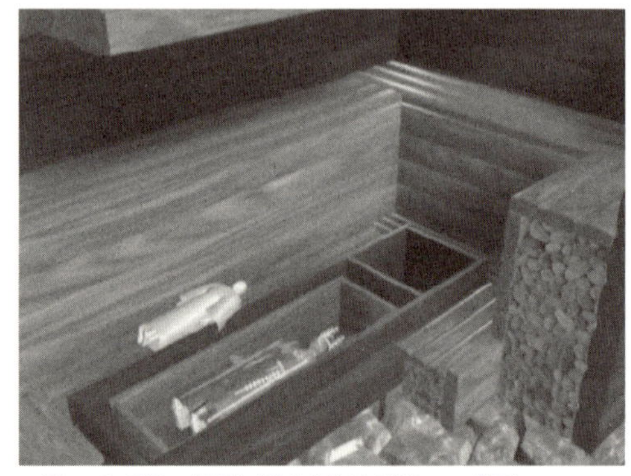

그림 1-3 경주 대릉원 황남대총의 객체 VR 화면

그림 1-4 아파트를 소개하는 파노라마 VR 화면

그림 1-5 자동차를 소개하는 객체 VR 화면

(4) 신라역사와 왕들의 계보

삼국 중에서 가장 찬란한 문화를 꽃피웠던 신라는 당나라와 손잡고 고구려와 백제를 쳐서 삼국을 통일한 나라로, 모두 56명의 왕이 세워지고 폐하여졌으며, 천년 고도 경주(옛 이름 서라벌, 금성)를 중심으로 크게 발전하였다. 그리고 신라는 약 1000년(992년) 동안 현재로서도 상상하기 어려운 많은 역사 유적과 유물을 남겼다. "해 아래 새것이 없다"는 옛 어른들의 말씀처럼 신라시대의 도시 규모와 문명은 현대와 크게 다르지 않을 정도로 크게 흥왕했던 것으로 알려지고 있다. "해 아래 새 것이 없다"는 것이 사실인 것을 입증해 주는 외국의 사례도 있다. 이탈리아의 역사유적도시 폼페이가 바로 그런 곳이다.

그림 1-6 고대도시 이탈리아의 폼페이

유적과 유물의 차이는?

매장문화재는 땅 속이나 바다 밑에 들어 있어 잘 알 수 없으나 발굴과정을 통해서 그 모습을 알 수 있게 된다. 매장문화재는 유적과 유물로 구분된다.

유적은 흔적이 남아 있는 터로 선사시대 살림터와 조개더미, 옛 무덤자리, 건물자리 등을 말하며, **유물**은 유적 안에 들어 있던 것으로 질그릇, 석기와 같은 생활 도구와 각종 장신구 등이 있다.

19

그럼 찬란한 문화와 역사의 나라, 신라의 세계로 함께 떠나볼까요.

신라의 역사는 크게 삼국통일 이전과 이후로 구분되며, 『삼국사기』와 『삼국유사』에 의하면 〈표 1-1〉과 같이 여섯 시기로 세분되고 있다. 그러나 신라의 역사는 〈표 1-2〉와 같이 왕들의 치적과 활동들을 면밀하게 살펴 볼 때 우리들의 머리 속에 대강의 그림을 그려 볼 수 있다.

신라는 기원전 57년에 박혁거세에 의해 건국되었고 국호를 서라벌(왕 21년에 수도를 금성이라 함, 현재의 경주)이라 하였다. 박, 석, 김씨가 돌아가면서 왕이 되었고, 나라가 존재한 992년 동안 박씨가 10왕, 석씨가 8왕, 김씨가 38왕 모두 56명이 재위하였다. 왕의 칭호도 많은 변화가 있었는데, 제1대 박혁거세는 '거서간'이라는 칭호를, 제2대 남해왕은 '차차웅'이라는 칭호를 사용하였다. 제3대 유리왕부터 제16대 흘해왕까지는 '이사금'이라는 칭호를, 제17대 내물왕부터 제22대 지증왕까지는 '마립간'이라는 칭호를, 제23대 법흥왕부터 제56대 경순왕까지는 '왕'이라는 칭호를 사용하였다.

표 1-1 신라의 연대 구분과 특징

시 기	연 대(왕)	특 징
제1기	BC 57(박혁거세왕)~AD 356(흘해왕)	연맹왕국 형성기
제2기	AD 356(내물왕)~AD 514(지증왕)	연맹왕국 발전기
제3기	AD 514(법흥왕)~AD 654(진덕여왕)	중앙집권체제의 완성기
제4기	AD 654(태종무열왕)~AD 780(혜공왕)	삼국통일에 의한 황금시기
제5기	AD 780(선덕왕)~AD 889(진성여왕)	지방세력의 등장기
제6기	AD 889(진성여왕)~AD 935(경순왕)	내란기

역사 속의 현장 – 이탈리아 폼페이의 유적과 유물

번영과 환락의 도시로 알려져 있는 이탈리아의 고대도시 폼페이는 AD 79년 8월 24일 베스비우스 화산 폭발로 지구상에서 사라진 후 1748년 발굴 작업과 함께 다시 모습을 드러내었다. 지금도 발굴 작업은 계속되고 있으며 아직까지도 많은 부분이 화산재 속에 묻혀 있다. 폼페이를 방문하여 보면 과거에 얼마나 찬란한 문화를 가지고 있었는지 쉽게 알 수가 있다.

발굴된 폼페이를 보면 얼마나 갑작스럽게 닥친 대재앙이었는지를 엿보게 한다. 화석으로 굳어버린 사람과 개의 모습… 모든 것이 동작 그만인 채로… 이렇게 이곳 사람들에게 닥친 비극이 후대에는 옛 로마와 헬레니즘 문화의 화려함을 엿보게 하는 소중한 보고가 되고 있다. 어찌 이뿐이겠는가.

분명 폼페이는 "해 아래 새 것이 없다"는 것이 사실인 것을 입증해 준다. 상업이 잘 발달해 있었으며, 도시설계가 현대와 다를 바 없고, 도로망은 잘 갖추어져 있었다. 여관과 약국, 시장, 극장, 원형경기장, 음식점, 하수시설, 목욕탕, 선술집, 마구간… 현대의 패스트푸드점과 같은 카페들이 즐비하게 자리 잡고 있었다.

오늘날 우리들은 인공위성을 우주공간에 띄우고, 인터넷을 통해 전 세계를 연결하며, 최첨단의 생활을 한다. 그러나 지금부터 2천년 전에 존재하였던 폼페이지 유적과 유물들을 보고 있노라면 현대의 그것과 비교해도 떨어지지 않는다는 생각이 든다. 폼페이는 정말 놀랍게 잘 설계되고 발전된 도시인 것이 틀림없다.

표 1-2 신라 왕들의 계보

1대 박혁거세				
2대 남해차차웅				
3대 유리이사금	4대 탈해이사금	5대 파사이사금		
	7대 일성이사금	6대 지마이사금		
9대 벌휴이사금	8대 아달라이사금			
10대 내해이사금	11대 조분이사금	12대 첨해이사금	13대 미추이사금	14대 유례이사금
19대 눌지마립간	18대 실성마립간	17대 내물마립간	16대 흘해이사금	15대 기림이사금
20대 자비마립간				
21대 소지마립간	22대 지증마립간			
	23대 법흥왕	24대 진흥왕		
		25대 진지왕	26대 진평왕	
	29대 태종무열왕	28대 진덕여왕	27대 선덕여왕	
	30대 문무왕			
	31대 신문왕			
	32대 효소왕	33대 성덕왕		
		34대 효성왕	35대 경덕왕	
			36대 혜공왕	37대 선덕왕
				38대 원성왕
				39대 소성왕
44대 민애왕	43대 희강왕	42대 흥덕왕	41대 헌덕왕	40대 애장왕
45대 신무왕				
46대 문성왕	47대 헌안왕	48대 경문왕		
51대 진성여왕	50대 정강왕	49대 헌강왕		
52대 효공왕	53대 신덕왕			
	54대 경명왕	55대 경애왕	56대 경순왕	

[주] 가로선은 형제간 또는 인척간의 승계, 세로선은 정상적인 부자간 조손간 승계임.

신라 56왕의 재위 기간과 주요 치적, 그리고 활동은 〈표 1-3〉과 같이 요약할 수 있다. 이들 내용을 세심하게 살펴보면서, 혹은 대충 읽어가면서 신라의 역사를 머리 속에 그려보자.

표 1-3 신라 56왕의 재위 기간, 그들의 주요 치적과 활동

왕 명	재위 기간	주요 치적과 활동
제1대 박혁거세	BC 69~AD 4	13세에 왕위에 올라 국호(나라 이름)를 서라벌이라 함. 금성을 축조. 박씨 왕의 시작. 왕21년 수도를 금성(지금의 경주)이라 하고 국가의 기초를 세움.
제2대 남해차차웅	AD 4~AD 24	박혁거세의 맏아들.
제3대 유리이사금	AD 24~AD 57	남해왕의 아들. 이서국(현재 경북 청도) 정벌. 신라 가악의 기원인 '도솔가'를 지음.
제4대 탈해이사금	AD 57~AD 80	65년 국호를 '계림'이라 개칭.
제5대 파사이사금	AD 80~AD 112	유리왕의 아들. 농사와 양잠을 권장. 유사시 대비를 위해 '월성'을 쌓음.
제6대 지마이사금	AD112~AD 134	파사왕의 맏아들. 왜국과 화친. 백제의 협조로 말갈을 물리침.
제7대 일성이사금	AD 134~AD 154	농본정책의 추진. 정사당 설치. 경지 개간.
제8대 아달라이사금	AD 154~AD 184	현의 설치와 도로개통. 박씨의 마지막 왕.
제9대 벌휴이사금	AD 184~AD 196	탈해왕의 손자. 석씨 왕 시대 시작.
제10대 내해이사금	AD 196~AD 230	벌휴왕의 손자.
제11대 조분이사금	AD 230~AD 247	벌휴왕의 손자.
제12대 첨해차차웅	AD 247~AD 261	벌휴왕의 손자. 고구려와 국교를 통함.
제13대 미추이사금	AD 262~AD 284	김씨 최초의 왕. 덕이 많은 임금. 빈민 구제.
제14대 유례이사금	AD 284~AD 298	조분왕의 맏아들. 백제와 수교.
제15대 기림이사금	AD 298~AD 310	조분왕의 둘째 아들. 307년 국호를 신라로 고침.
제16대 흘해이사금	AD 310~AD 356	기림왕의 후사가 없자 군신들의 추대로 즉위. 농사를 장려(벽골지를 만듦—신라시대의 저수지)

왕　　명	재위 기간	주요 치적과 활동
제17대 내물마립간	AD 356~AD 402	중국 문물 수입에 힘씀. 김씨 두 번째 왕이며 이후부터 석씨 왕실이 완전히 사라짐.
제18대 실성마립간	AD 402~AD 417	백성들의 추대로 왕위에 즉위. 내물왕의 태자. 눌지를 시기하여 죽이려다 도리어 피살됨.
제19대 눌지마립간	AD 417~AD 458	내물왕의 아들. 438년 우차법(牛車法) 제정. 458년 고구려 묵호자가 불교 전파함.
제20대 자비마립간	AD 458~AD 479	왕 17년 고구려가 백제를 공격하자 433년 나제동맹을 맺음
제21대 소지마립간	AD 479~AD 500	자비왕의 맏아들. 처음으로 시장 개설하여 경제 발전 추구.
제22대 지증왕	AD 500~AD 514	'왕'이라는 칭호를 처음 사용. 국호를 '신라'로 정함. 이사부가 우산국(울릉도)을 점령함. 순장제도 폐지. 석빙고를 만듦.
제23대 법흥왕	AD 514~AD 540	병부를 설치하고 율령을 반포함. 상대등 설치. 527년 불교 공인. 관리들의 복장 제정. 532년 금관가야를 정벌.
제24대 진흥왕	AD 540~AD 576	황룡사 건립을 시작함. 흥륜사 창건. 불교 권장. 화랑제도 만듦. 562년 대가야를 멸망시킴. 545년 이사부의 건의를 받아 거칠부를 시켜 국사(國史)를 편찬함. 555년 북한산 순수비 건립.
제25대 진지왕	AD 576~AD 579	진흥왕의 둘째 아들
제26대 진평왕	AD 579~AD 632	진흥왕의 태자 동륜의 아들. 수양제와 연합하여 고구려를 공격. 중앙의 통치제도 정비.
제27대 선덕여왕	AD 632~AD 647	진평왕의 맏딸로 최초 여왕. 645년 황룡사 9층탑 완공. 614년 첨성대 건립. 국학 설치. 김유신으로 하여금 백제를 치게 하여 승전함.
제28대 진덕여왕	AD 647~AD 654	진평왕 어머니의 동생 국반갈문왕의 딸. 세배 풍습 시작. 성골 출신 마지막 왕.
제29대 태종무열왕	AD 654~AD 661	660년 당나라와 연합하여 백제를 멸망시킴. 진골 출신 첫 번째 왕.
제30대 문무왕	AD 661~AD 681	왕 17년에 백제와 고구려를 멸망시켜 삼국통일. 화랑도 조직. 유언에 따라 대왕암에 수장함. 674년 신라 안압지 만듦.

왕 명	재위 기간	주요 치적과 활동
제31대 신문왕	AD 681~AD 692	문무왕의 맏아들. 만파식적을 만듦. 682년 감은사 완공. 685년 지방제도인 9주 5소경 완성.
제32대 효소왕	AD 692~AD 702	신문왕의 아들. 설총을 시켜 이두를 정리함.
제33대 성덕왕	AD 702~AD 737	혜초가 서역에서 돌아와 '왕오천축국전'을 지음. 모든 백성에 '정전' 지급.
제34대 효성왕	AD 737~AD 742	성덕왕의 둘째 아들
제35대 경덕왕	AD 742~AD 765	751년 김대성을 시켜 불국사 창건
제36대 혜공왕	AD 765~AD 780	경덕왕의 아들. 대공의 난과 김지정의 난 등으로 나라가 어지러웠으며 선덕왕에게 피살됨. 771년 성덕대왕 신종 완성.
제37대 선덕왕	AD 780~AD 785	내물왕의 10세손
제38대 원성왕	AD 785~AD 798	788년 관리등용제도인 '독서삼품과'를 설치
제39대 소성왕	AD 798~AD 800	원성왕의 태자인 인겸의 아들. 2년 만에 죽자 이후에 왕위쟁탈전이 벌어짐.
제40대 애장왕	AD 800~AD 809	802년 해인사 창건. 숙부 김언승(헌덕왕)이 임금대신 정치.
제41대 헌덕왕	AD 809~AD 826	조카를 죽이고 왕이 됨. 친당정책.
제42대 흥덕왕	AD 826~AD 836	828년 완도에 청해진을 만들어 장보고에게 관리시킴
제43대 희강왕	AD 836~AD 838	원성왕의 손자. 흥덕왕이 후사 없이 죽자 삼촌인 규정을 죽인 후 왕위에 올랐으나 그를 도운 김명 등이 난을 일으키자 자살함.
제44대 민애왕	AD 838~AD 839	원성왕의 증손
제45대 신무왕	AD 839	민애왕을 죽이고 왕이 되었으나 반대파의 저주로 죽음
제46대 문성왕	AD 839~AD 857	신무왕의 태자. 장보고의 반란으로 피살됨.
제47대 헌안왕	AD 857~AD 861	후사가 없어 왕족 응렴을 사위 삼고 왕위를 물려줌
제48대 경문왕	AD 861~AD 875	희강왕의 아들 아찬 계명의 아들
제49대 헌강왕	AD 875~AD 886	처용무가 유행하고 사회가 사치와 환락에 빠짐

왕 명	재위 기간	주요 치적과 활동
제50대 정강왕	AD 886~AD 887	경문왕의 둘째 아들로 진성여왕의 오빠. 몸이 약해서 즉위 2년 만에 죽음.
제51대 진성여왕	AD 887~AD 897	재정이 고갈되어 주군(州郡)에 세금을 독촉하자 전국에서 봉기가 일어나고 나라가 혼란에 빠짐
제52대 효공왕	AD 897~AD 912	정강왕의 아들. 정사를 돌보지 않아 궁예와 견훤에게 많은 영토를 빼앗김.
제53대 신덕왕	AD 912~AD 917	효공왕이 죽자 후사가 없어 백성의 추대로 즉위. 박씨 왕.
제54대 경명왕	AD 917~AD 924	신덕왕의 태자. 쇠퇴한 국운을 건지려 당나라에 구원을 요청하였으나 실패
제55대 경애왕	AD 924~AD 927	927년 포석정에서 연회를 하다가 견훤의 습격으로 자살함
제56대 경순왕	AD 927~AD 935	신라의 마지막 왕. 935년 고려 왕건에 항복. 왕건에게 항목한 후 왕건의 딸 낙랑공주와 결혼하여 경주 사심관(事審官)으로 여생을 보냄.

(5) 신라의 고분과 왕릉

천마총과 황남대총에 대한 발굴과정에서 출토된 금동관 등 많은 황금유물과 시신을 두르고 있었던 황금으로 만든 치장들을 보면 신라는 정말 황금의 나라였으며, 왕들이 시신이 안치된 왕릉은 황금궁전이었다.

왜 신라인들은 거대한 규모의 왕릉을 만들었고 그 속에 찬란한 황금빛 유물들을 부장(副葬)했을까? 그리고 많은 부장품 속에

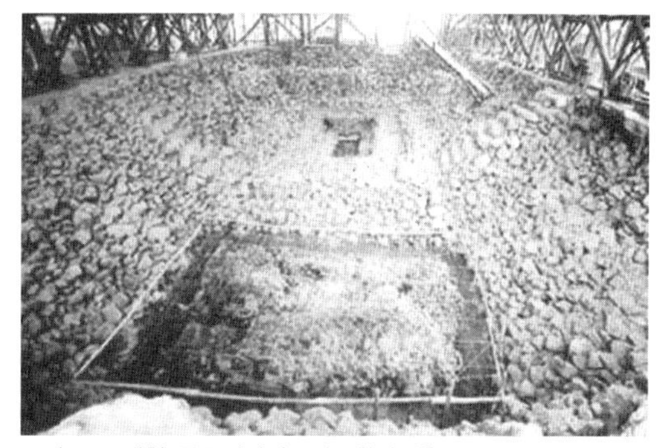

그림 1-7 대형 돌무지덧널무덤 : 황남대총

숨겨져 있었던 비밀은 무엇이며, 신라인들이 미래를 내다보며 꿈꾸었던 세계는 무엇이었을까? 이러한 의문을 가지고 신라 천년의 꿈과 문화를 살펴보기로 하자. 그러면 이 책을 읽고 있는 여러분도 시공간을 초월하여 왕릉 속에 숨겨진 신라 천년왕국의 비밀이 하나씩 우리들 앞에 펼쳐지고 있음을 느끼게 될 것이다.

신라의 고분과 왕릉은 당대의 정치·경제·사상·문화의 총체적 양상이 반영되어 있는 조영물(造營物)이기 때문에 매우 중요한 역사적 의미가 내포되어 있다. 따라서 신라왕릉에 대한 올바른 인식은 곧 신라의 역사를 이해하는 데 있어서 도움이 된다.

그림 1-8 굴식돌방무덤의 사례 : 일성왕릉

경주지역에는 56명의 신라 왕 중에서 현재 36기의 왕릉이 전해지고 있다. 이 중에서 오릉을 중심으로 서남산 일대에 박씨 왕릉 6기가 있으며, 남산과 토함산 자락으로 이어지는 왕릉들이 일직선상에 줄지어 위치하고 있다. 선도산 지구에도 태종무열왕과 법흥왕릉 등을 비롯한 왕릉들이 밀집해 있다. 묘제의 구조에서도 초기의 목관분에서 목곽분으로, 대형 고분인 돌무지덧널무덤(積石木槨墳, 적석목곽분)에서 굴식돌방무덤(橫穴式石室墳, 횡혈식석실분)으로 변화하였다.

신라시대 이전의 신라지역 무덤양식은 다른 지역과 유사한 양상을 나타낸다. 초기의 지석묘(고인돌), 큰 옹기를 관 대신 사용하는 옹관묘(甕棺墓), 굴 안에 매장 또는 유기하는 굴장, 청동기시대 후기부터 초기 철기시대에 걸쳐 발달한 토광묘(土壙墓) 등으로 구분된다. 또한 신라 초기의 묘제의 형태는 다곽묘의 형태로도 나타난다. 다곽묘란 한 봉분 안에 여러 구의 시신을 매장하는 것으로 아마 한 가족을 공동으로 장사할 때 사용된 듯하다.

신라가 건국하는 BC 1세기부터 AD 1세기까지 조성된 고분들(입실리 유적, 외동읍 죽동리 고분군, 조양동고분군, 서면 사라리고분군 등)은 목관묘(木棺墓)이다. 무덤의 크기는 70cm~1m 내외에다 길이는 2m 미만의 소형분이다. 대부분 중심지에서 떨어진 외곽지역에 조성되었고 봉분의 규모도 작아 자연히 소멸되었으며, 그 결과 평지화된 것이 특징이다. 2세기부터 4세기 중엽까지는 한

그림 1-9 큰 옹기를 사용하는 옹관묘

단계 더 발전된 목곽묘(木槨墓)이나 이전 시기의 목관묘와 혼재하고 있는 경우가 대부분이다. 이들 역시 전기의 목관묘와 비교해 봐도 외관상으로는 큰 차이가 없으며, 외형적 특징만으로는 왕릉인지의 여부를 아는 것도 어려운 상황이다.

신라의 삼국통일 이전 시기(4세기 전반~6세기 초)는 돌무지덧널무덤이 축조되고, 그 동안 산록에 조성되던 왕릉이 경주분지 중심지인 시내 지역으로 이동하고 있다. 이들 역시 경주분지 내 집단묘역의 다른 고분과 구별되는 특징이 없어서 왕릉인지의 여부는 파악하기 어렵다. 돌무지덧널무덤은 구덩이를 파거나 지상에 돌을 깔고 덧널을 세운 다음 그 안에 널을 넣고 냇돌로 덧널을 덮고 다시 봉토를 씌운 것이다. 돌무지덧널무덤의 가장 두드러진 특징은 지면 위에 축조된다는 점이다. 우리나라에서 가장 큰 고분인 황남대총(황남동 98호분)과 천마도가 나온 천마총(155호분)이 이 양식의 대표적인 무덤이다.

그림 1-10 대릉원 내에 있는 황남대총 표형분(쌍분)

관과 곽의 차이는?

관(棺)은 시신만 들어가는 것이고, 곽(槨)은 시신과 부장품이 함께 들어가는 것을 말한다. 따라서 곽의 내부에는 관이 있는 경우도 있고, 그렇지 않고 곽만 있는 경우도 있다. 따라서 곽은 관보다 규모가 크다.
(예) 목관묘, 목곽묘

경주의 돌무지덧널무덤은 초기 단계를 지나 5~6세기가 되면서부터는 묘지도 점차 북쪽으로 확장되고 무덤도 대형화되지만 초기의 가족적인 다곽묘가 단곽묘로 변화되고, 말의 순장도 마구의 부장으로 상징되는 등 형식화되는 경향을 보인다. 또한 4세기에서 6세기에 이르는 200여 년간의 경주지역(황오동, 황남동, 노서동, 노동동)에는 갑자기 평지에 노서동 고분과 황남동 98호 고분(황남대총) 등과 같이 대형 고분들이 출현한다. 이곳 고분군에서는 이전 고분에서 볼 수 없었던 금은으로 만든 화려한 유물들이 쏟아져 나왔다. 금관이 처음 출토된 금관총을 비롯하여 천마총, 황남대총, 서봉총, 금령총 등지에서 금관이 출토되었다. 고분들도 불교가 전래되면서 평지를 떠나 구릉진 야산 산기슭(충효동, 선도산, 장산, 동천동, 용강동, 배반동, 율동 등)으로 이동하게 된다. 산지고분은 석실분이 주류이며, 이것은 고구려와 백제를 병합하고 나타난 무덤양식이라 추정된다. 이러한 석실분은 평지에 있는 경우도 있다.

삼국통일이 이루어진 6세기 전반 이후 고분은 돌방무덤(石室墳)의 형태로 나타나고, 왕릉의 규모도 점차 소형화되는 경향을 보인다. 대표적인 굴방무덤의 예로는 태종무열왕릉이 있다. 특히 통일신라 이후 시기의 경주에서는 굴식돌방무덤이 나타난다. 태종무열왕릉 이후의 능에는 봉토에 둘레돌을 둘러 십이지신상을 세웠으며, 주위에 돌난간을 두르고, 괘릉(사적 제26호)과 같이 돌사자를 세우는 등 제도를 갖추게 된다. 이러한 돌방무덤의 형태는 통일신라기를 거쳐 전국으로 퍼져나가게 된다.

신라의 고분 형태는 크게 원형분(둥근 무덤), 표형분(쌍무덤), 방형분(네모무덤)으로 나타났다. 경주지역의 고분이 원형분이 주류를 이루고 있으며, 일부의 고분에서 표형분과 방형분이 보여진다. 대릉원 안에 있는 천마총은 원형분이며, 천마총 바로 옆는 황남대총(황남동 98호

능, 묘, 총, 전(傳)○○왕릉의 차이는?
능(陵)은 왕과 왕비의 무덤을, **묘(墓)**는 주인을 알 수 있는 무덤일 때, **총(塚)**은 누구의 무덤인지 모를 때, **전(傳)**은 누구의 무덤인지 모르지만 추정된 경우에 사용된다.
(예) 무열왕릉, 천마총, 김유신 묘, 전(傳) 미추왕릉

고분)은 표형분의 형태를 취하고 있다. 이외에도 경주지역에는 황오동고분, 서봉총, 호우총, 보문리 부부총 등과 같은 표형분이 있다. 신라시대에 만들어진 약 10기의 표형분 중에서 가장 큰 것은 역시 대릉원 안에 있는 황남대총이다. 표형분은 신라 고분에서만 볼 수 있는 것으로, 먼저 만든 분묘의 봉토와 호석(둘레돌)의 일부를 떼어내고 그 자리에 뒤에 만드는 분묘의 봉토와 호석을 붙이는 것이며, 원칙적으로 부부묘의 경우에 성립한다.

방형분은 밑 부분이 사각형인 무덤으로 고구려 무덤양식이다. 신라의 고분 중 단 1기가 불국사역 앞(구정동 방형분)에 있다.

그림 1-11 경주시 구정동 방형분

원형분(둥근모양의 무덤)

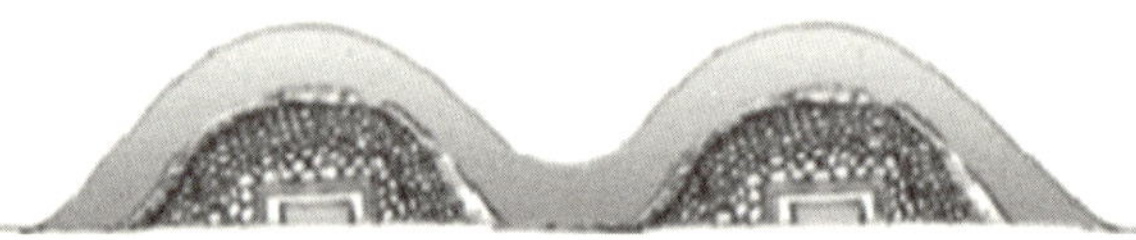

표형분(쌍모양의 무덤)

그림 1-12 돌무지덧널무덤의 내부 구조(좌 : 원형분, 우 : 표형분)

　신라의 고분에서는 호석(혹은 보호석)의 변화도 눈여겨볼 만하다. 호석(護石)이란 봉토의 둘레 기초 부분에 둘레돌을 돌리고 비석을 세운 양식을 말한다. 원래 봉토 주위에 돌을 돌리는 것은 옛 신라시대부터 시작되었는데 처음에는 봉토의 아래 경계를 표시하는 정도인 한 줄의 돌이 점점 2단, 3단으로 높아지면서 돌담으로 봉토 밖으로 나타나게 되고 무너짐을 방지하기 위해서 지탱할 수 있는 보조석을 설치하는 경우도 생겨나게 되었다.

　선덕여왕릉과 태종무열왕릉은 봉토 아랫부분에 자연석의 둘레돌을 돌리고 일정한 간격으로 자연석의 큰 돌을 끼워 넣거나 지탱석을 세우는 형식을 취하고 있다. 신문왕릉은 봉토 아랫부분에 다듬은 돌을 사용하여 단을 쌓고 이를 보다 견고히 하기 위해 자연석을 다듬어 지탱석을 받치고 있다. 경덕왕릉, 성덕왕릉, 괘릉의 원성왕릉은 봉토 아랫부분에 둘레돌을 쌓은 대신 판석으로 돌리고 돌못 역할을 하는 탱석에 12지신상을 새기는 형식이다. 성덕왕릉과 괘릉은 능의 둘레돌에 12지신상을 조각하고 무덤에 사자, 문인석[능 앞에 세우는 문인(文人) 형상으로 된 돌], 무인석[능 앞에 세우는 무관(武官) 형상으로 된 돌], 화표석(무덤을 꾸미기 위하여 무덤 앞 양 옆에 하나씩 세우는 돌기둥) 등을 갖춘 형식이다. 헌강왕릉과 정강왕릉은 봉토 아랫부분에 다듬은 둘레돌을 쌓은 형식을 취하고 있다.

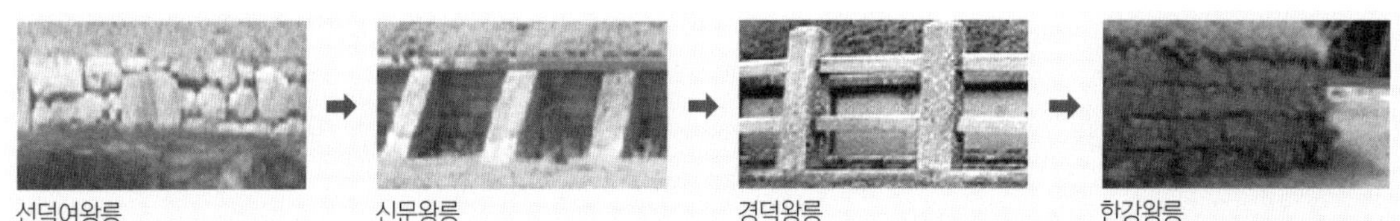

그림 1-13 신라왕릉의 호석 변화

(6) 재미있고 놀라운 역사도시 경주 이야기

❶ 신라 천년 고도 경주의 옛 모습과 인구

사람들 가운데 설왕설래하는 것 중에 '신라 왕경인 경주의 옛 인구가 100만 명이 넘었었다', 혹은 '옛날의 도시구조와 설계가 오늘날과 거의 차이가 없을 정도로 발달했다'는 이야기가 전해져 오고 있는데 과연 진실일까요?

이렇게 전래되어 오고 있는 이야기들이 사실이라면, 다음과 같은 몇 가지 질문들에 대한 명백한 증거들이 확보되어야 할 것이다. 만약 이러한 의문에 대한 명확한 해답이 주어질 수 있다면, 정말 신라 왕경인 경주의 옛 모습은 이탈리아의 폼페이처럼 매우 균형적으로 발달된 찬란한 도시였음을 알게 될 것이다.

- 옛 경주인 신라 왕경의 크기는 얼마나 되었을까?
- 왕경의 거주인구는 어느 정도이었을까?
- 건축물, 도로시설, 상하수도시설은 잘 발달되어 있었을까?
- 물건을 사고파는 상업활동을 할 수 있는 시장은 잘 발달되었을까?

지금부터는 각각의 의문에 대한 증거들을 살펴보기로 하자.

옛 경주인 신라 왕경의 크기는 얼마나 되었을까?

신라의 서라벌(경주)은 8세기경에 이라크의 바그다드, 당(唐)나라의 장안(長安), 동로마의 콘

스탄티노플과 함께 세계 4대 도시에 포함될 정도로 국제적인 명성이 있는 고대도시였던 것으로 알려지고 있다.

지금부터 천년 전 경주는 360개 방(坊)으로 이루어진 바둑판 모양의 도시구조를 가진 계획 도시였고, 영흥사에 불이 났는데 민가 350채가 한꺼번에 탔다는 기록으로 볼 때 매우 인구밀도가 높은 도시였던 것으로 추정된다. 방의 크기는 동천동 유적지와 황룡사지 동쪽의 왕경지구 발굴현장에서 증명되었는데, 대략 8,000천 평 규모의 네모난 바둑판모양으로 오늘날 블록과 유사하였다. 경주에는 360개 방이 있었고 1개 방은 8,000평이므로 360개 방으로 환산하면 그 당시 도시면적은 288만 평(8,000평×360개 방)으로 추산된다. 그러나 당시의 도시 크기가 이 정도라고 결론을 내릴 수 있을까?

불교가 전래되기 전의 경주는 왕릉들이 거의 시민들의 생활공간인 시내에 위치하고 있었다. 그런데 6세기 이후에는 왕릉이 시가지인 360방의 범위를 벗어난 외곽지역에 조성된다. 이는 도시의 범위가 외곽으로 확장됐음을 의미하며, 인구의 팽창과 택지면적 규제가 그 원인이 되었을 것으로 판단된다.

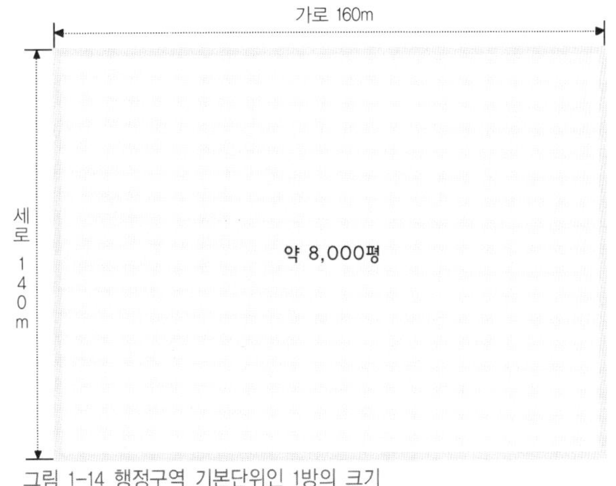

그림 1-14 행정구역 기본단위인 1방의 크기

한편 『삼국유사』에서도 경주의 옛 도시 경계가 매우 넓었음을 간접적으로 보여주는 기록
이 있다. 이에 의하면 천년 전 경주는 이곳 관문성을 도시의 동남쪽 경계를 삼고 있었다고 한
다. 그런데 이는 오늘날 경주의 도시 경계와도 일치하고 있다. 경주에서 동남방향으로 21km
정도 가다보면 울산시와 경계가 되는 곳에 경주의 '관문성'이 있다.

　　　"왕경인 경주로부터 동해 어귀에 이르기까지 집들이 총총 들어섰지만 초가집 한 채를 볼 수
　　없었고…"

〈그림 1-15〉는 신라 왕경인 경주의 옛 모습을 복원한 모형이다. 왕경도는 여러 자료를 기준으로 하여 9세기의 왕경인 옛 경주의 모습을 복원하고자 3년 간의 작업과정을 거쳐 1992년에 완성된 모형이다.

경주의 남쪽에는 초생달 모양으로 생겼다 해서 월성이라 불린 왕

그림 1-15 신라 왕경 전체 360방 복원도 : 국립민속박물관과 신라역사과학관에 전시된 이재건 화백의 경주왕경도이다. 당시의 경주를 반월성(半月城) 남쪽에서 바라본 모습이다. 그림에는 월성, 안압지, 황룡사, 성동리궁궐과 남북대로가 나타나 있다. 그리고 네모모양의 방으로 잘 구획되어 있는 도시구조를 볼 수 있다.

왕경(王京), 방(坊)이란?
왕경(王京)은 신라 수도였던 서라벌(경주)을 의미한다. 방(坊)이란 신라 왕경 행정구역의 기본단위로 대략 8,000평 정도의 네모난 바둑판 모양을 말한다.

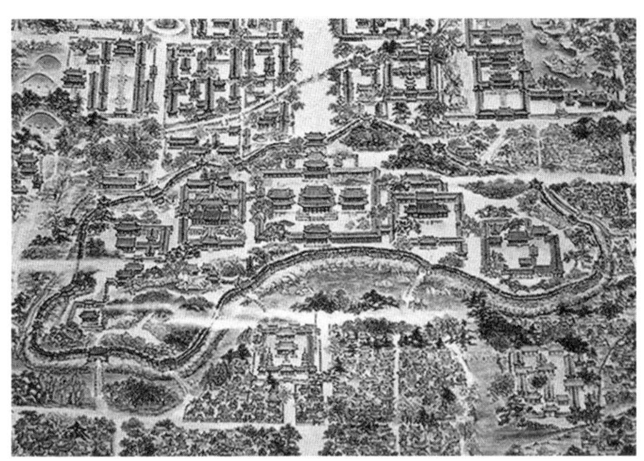
그림 1-16 신라 왕경 경주 반월성 복원도

그림 1-17 신라 왕경도 내의 황룡사, 분황사, 안압지 부근 복원도

궁이 있었고 월성의 북쪽에는 대릉원과 첨성대가 있고, 첨성대 동쪽 편에는 인공섬과 연못을 조성한 안압지가 있었다. 안압지 옆에는 동궁터로 알려진 건물지가 있는데 이곳은 월성의 별궁 역할을 했으리라 추정된다. 월성의 북동쪽에는 황룡사가 있었다. 신라의 왕궁은 월성이었으나 도시가 북쪽 방향으로 확장되면서 왕궁이 남쪽에 치우치게 되었고 이를 해결하기 위해 북쪽에 상징적인 궁궐을 만들었는데, 이것이 바로 성동리궁궐이다. 안압지 앞에서 북궁인 성동리궁궐까지는 23m의 남북대로가 설치되어 있었다.

그림 1-18 경주 반월성 북쪽에 있는 첨성대 :
경주 반월성 북쪽에 있는 첨성대이다. 높이
9.17m, 밑지름 4.93m, 윗지름 2.85m이다. 사용
된 석재 수는 1년을 상징하는 365개이며, 기단
위에 27단의 석단을 쌓았다.

그림 1-19 경주 반월성 동북쪽에 있는 안압
지 : 반월성의 북동쪽에 위치하고 있는 안압지이
다. 동서 200m, 남북 180m의 구형(鉤形)으로, 크
고 작은 3개의 섬이 배치되어 있다.

왕경의 거주인구는 어느 정도이었을까?

조선 후기의 한양 인구가 20만인 것을 감안해 본다면, 신라 전성기인 천년 전의 인구가 100만 명에 달했다는 기록이 사실일까?『삼국유사』에는 신라 전성기의 인구가 어느 정도인가를 추정할 수 있는 기록들이 있다.

"新羅全盛之時 京十七萬八千九百三十六戶"
(신라 전성기의 수도인 경주에는 17만 8천 9백 36호가 있었다.)

"절과 절이 별처럼 벌여 있고, 탑들은 기러기 떼인 양 줄지어 있으며…"

신라 전성기의 경주에는 17만 8천 9백 36호가 살고 있었고, 왕경인 경주로부터 동해 어귀에 이르기까지 집들이 총총 들어섰지만 초가집 한 채를 볼 수 없었다는 것이다. 시대를 8~9세기 경으로 가정한다면 정말 놀라운 기록이 아닐 수 없다.

당시의 경주는 360개 방으로 이루어진 계획 도시였다. 한 개의 방은 8,000평 규모의 블록이고, 동천동 지역을 발굴한 결과에 의하면 가로 14m 세로 20m 집터에 세 채의 집이 있었으므로 1방에는 150채 정도의 집이 들어설 수 있고, 360개 방으로 환산하면 약 54,000가구가 된다. 1가구당 5인이라고 가정하면 약 27만 정도의 인구가 살았을 것으로 추정된다. 그러나『삼국유사』의 기록에 의하면 178,936호가 살았으므로 거주인구는 894,680명(178,936호×1호 5인 기준)이라는 계산이 나온다.

경주는 당시 다른 도시와는 달리 왕도와 주변을 경계 짓는 나성(羅城)이 없었다. 그 대신 수도의 방비를 위해 주변에 산성(포항 쪽의 북형산성, 서쪽의 부산성, 감포의 팔조산성, 울산 쪽의 관문성)을 쌓았다. 그러므로 경주의 178,936호는 이 산성지역까지를 포함하는 것이 옳을 것이다.

결론적으로 과연 경주의 옛 인구가 100만 명이 넘었다는 이야기는 과장된 것이 아님을 쉽게 알 수 있다. 또한 국력이 성장하고 인구가 비대해지면서 법흥왕 이후에는 왕릉이 360방의 범위를 벗어나 외곽지역으로 확장되었고, 도시 경계가 동해어귀와 관문성에 이를 정도로 커졌다는 사실을 감안한다면 후대의 과장이 덧붙여졌다 해도 거주인구 100만 명이라는 설은 설득력을 가질 수 있을 것이다.

건축물, 도로시설, 상하수도시설은 잘 발달되어 있었을까?

신라왕경인 경주는 단지 인구만 많았던 고대도시일까요? 발굴된 유적과 유물들을 살펴보면 정말 탄성이 저절로 나올 정도로 완벽하게 설계된 계획도시였다는 사실을 알게 된다.

도시 전체의 모습은 마치 바둑판처럼 반듯하게 구획정리가 되어 있었고, 이는 오늘날의 도시설계와도 매우 흡사한 구조라고 볼 수 있다. 경주 월성과 성동리궁궐을 이어주는 남북도로는 무려 그 폭이 23m로 매우 넓은 도로였으며, 마차와 사람들이 다니는 차도(車道)와 인도(人道)가 분리되어 있었다. 신라 통일

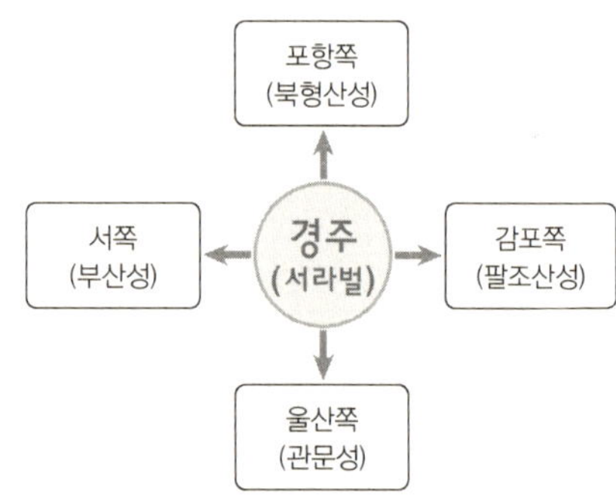

그림 1-20 신라시대 왕경 경주의 외곽지역 경계

나성(羅城)이란?
나성(羅城)이란 자성(子城) 또는 내성(內城)·재성(在城 : 임금이 거하는 성)의 바깥에 있는 넓은 주거지까지 에워싼 이중의 성벽을 말하며 나곽이라 부르기도 한다. 특히 도성의 구조에서 왕궁과 관청을 두른 왕성이나, 일반 주거지를 포용하여 쌓은 성을 나타낸다. 우리나라에서는 6세기경에 이르러서 나성을 갖춘 도성제가 성립되었다.

직후인 문무왕 14년(674년)에는 월성 동북쪽의 궁궐에 화려한 정원인 안압지가 조성되었다. 북천 너머로 확대된 통일 이후의 주거유적은 도로와 가옥, 배수로가 잘 구획된 모습이었다.

왕경에는 크고 작은 200여 개의 사찰들이 있었고, 귀족들의 저택이라 볼 수 있는 금입택(金入宅)이 수십 채에 달했으며, 계절에 따라 풍취를 느낄 수 있는 사절유택(四節游宅)이 있었다. 가옥은 본채와 사랑채, 부엌, 곳간, 그리고 화장실까지 있었고, 황룡사지 동쪽의 방을 발굴한 결과 집과 집 사이의 도로는 15.5m에 자갈과 점토를 층층이 다진 뒤 마사토를 깔아서 만든 구조를 가지고 있었다. 또한 상수도 역할을 하는 53개의 전용 우물이 있었다. 우물마다 배수구가 딸려 있었고, 각 집에서 배출한 하수는 소배수로를 통해 도로 옆 배수로로 모이게 설계되었다. 또한 집터에서는 풍로와 숯을 굽던 20기의 가마터가 발견되었는데, 이로 보아 당시의 경주에는 숯을 구워 취사와 난방을 했으리라 추측된다. 그러나 서민들의 생활을 알 수 있는 유적과 유물은 거의 발굴되지 않았다.

물건을 사고파는 상업활동을 할 수 있는 시장은 잘 발달되었을까?

왕릉에서 발굴된 다양한 유물들을 보면 그 당시 경주에서 생산된 것이 아니고 해외에서 수입된 것들(예, 유리컵 등)도 많이 포함되어 있음을 알 수 있다. 이로 보아 옛 경주는 국제적인 해상무역도시로 발달되었으며, 무역을 통해 당나라는 물론 멀리 아라비아산 사치품이 유입되었을 가능성이 높다.

왕경에는 모두 세 군데의 시장(市場)이 있었고, 이곳에서는 쌀이나 기름, 옷감이나 짚신과 같은 생활필수품, 그리고 철이나 금제품과 같은 물건들이 거래되었다. 소지왕 때 시사라는 관

영상점이 처음 등장했고, 지증왕 때 동시(東市)가, 삼국통일 후 효소왕 4년(695년)에 서시(西市)와 남시(南市)가 개설되었다. 당시의 시장은 사람들이 많이 왕래하는 사찰을 중심으로 형성되었다. 특히 경주에는 시장을 관리하는 관청인 시전(市典)이 있었고 이곳에는 30명의 시전관리가 상주했다고 한다. 이들은 시장관리는 물론 왕궁에서 쓸 물건을 조달하고, 시장에서 벌어지는 각종 분쟁을 해결하는 역할을 수행하였다.

❷ 현대의 경주 모습

오늘날 경주시는 〈그림 1-21〉과 같이 극동은 감포읍이고, 극서와 극남은 산내면이며, 극북은 강동면을 경계로 하고 있다. 이는 동서간 연장거리가 47.1km, 남북간 45.8km에 해당하는 광대한 도시규모를 잘 반영하고 있다고 볼 수 있다.

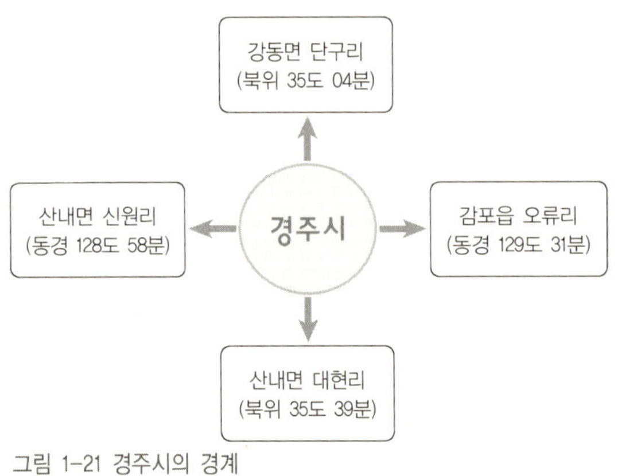

그림 1-21 경주시의 경계

그림 1-22 경주시의 현대 지도

〈표 1-4〉는 우리나라 주요 도시의 면적으로 제시한 것이다. 이들 면적으로 비교해 보면 경주시가 가장 커서 1순위를 차지하고 있으며, 서울특별시나 인천광역시, 부산광역시보다도 오히려 컸음을 알 수 있다. 이는 신라 천년 고도인 경주가 그 옛날 얼마나 큰 도시규모를 가지고 있었고, 왕경 안에 얼마나 많은 사람들이 거주했는가를 간접적으로 추정해 볼 수 있는 좋은 자료라고 여겨진다.

2004년도 경주의 인구는 280,092명이며 이 중에서 남자가 140,203명, 여자가 139,889명을 차지하고 있다. 행정 구역으로 볼 때 4읍(감포읍, 안강읍, 건천읍, 외동읍), 8면(양북면, 양남면, 내남면, 산내면, 서면, 현곡면, 강동면, 천북면), 13동(중부동, 성동동, 황오동, 성건동, 탑정동, 황남동, 월성동, 선도동, 용강동, 황성동, 동천동, 불국동, 보덕동)을 포함하고 있다.

표 1-4 우리나라 주요 도시의 면적

순 위	도 시 명	면 적(km²)
1	경주시	1,325.75
2	울산광역시	1,056.4
3	인천광역시	954.53
4	대구광역시	885.71
5	부산광역시	761.79
6	서울특별시	605.52
7	대전광역시	539.84
8	광주광역시	501.11

경주의 도시규모

- 2004년 인구 280,092명
  (남자 140,203명, 여자 139,889)
- 4읍(감포읍, 안강읍, 건천읍, 외동읍)
- 8면(양북면, 양남면, 내남면, 산내면, 서면, 현곡면, 강동면, 천북면)
- 13동(중부동, 성동동, 황오동, 성건동, 탑정도, 황남동, 월성동, 선도동, 용강동, 황성동, 동천동, 불국동, 보덕동)

[주] 면적은 2005년 기준임

경주시의 연혁은 〈표 1-5〉와 같다. 상고시대에는 진한 12국 중 사로국이라 칭하였고, BC 57년에 박혁거세가 건국한 후 992년 동안 왕조를 이어갔다. 통일신라시대에는 민족문화의 본류를 형성하였으며, 고려 태조 23년(940년)에는 경주로 칭하였다. 다시 987년 동경으로, 1012

년에는 경주로, 1308년에는 계림부로 개칭하였다. 조선시대인 1413년 경주부로, 1895년 경주 군으로 개칭하였다.

1931년 4월 1일에는 경주면이 읍으로 승격하였고, 1937년 7월 1일에는 양북면 감포리 외 8개 리를 분리하여 감포읍으로 승격시켰다. 1949년 5월 20일에는 강사면이 안강읍으로, 1955년 9월 1일에는 경주읍이 시로 승격하였다. 1989년 1월 1일에 월성군을 경주군으로 개칭하였다. 1995년 1월 1일에는 통합 경주시가 출범되었으며, 1998년 11월 14일 행정동을 통폐합하여 3읍 8면 13동의 행정구역을 운영하고 있다.

표 1-5 신라 천년 고도 경주의 주요 연혁

시대 구분	연　　　혁
상고시대	진한 12국 중 사로국이라 칭함
삼국시대	BC 57년 신라건국 후 56왕 992년간 왕조를 이어옴. 서라벌 또는 계림이라 불림.
통일신라시대	민족문화의 본류를 형성
고려시대	고려 태조 23년(940년) 경주로 칭함, 987년 동경으로 개칭, 1012년 경주로 개칭, 1308년 계림부로 개칭
조선시대	1413년 경주부로, 1895년 경주군으로 개칭
1931. 4. 1.	경주면이 읍으로 승격(1읍 12면)
1937. 7. 1.	양북면 감포리 외 8개리 분리 감포읍으로 승격(2읍 11면)
1949. 5. 20.	강사면이 안강읍으로 승격(3읍 10면)
1955. 9. 1.	경주읍이 시로 승격, 군명칭을 월성군으로 개칭
1989. 1. 1.	월성군이 경주군으로 개칭
1995. 1. 1.	통합 경주시 출범(4읍 8면 17동)
1998. 11. 14.	행정동 통폐합(4읍 8면 13동)

(7) 경주문화관광자원 대릉원

경주시내를 멀리서 바라보면 우뚝우뚝 솟아 있는 거대한 고분들이 한 눈에 들어오며, 시간과 공간을 초월한 신비감과 친근감을 느낄 수 있다. 황오동(皇吾洞), 황남동(皇南洞), 노동동(路東洞), 노서동(路西洞)으로 이어지는 평지에는 고분들이 집중적으로 모여 있다. 특히 경주의 고분들이 평지에 자리 잡고 있는 것은 당시의 다른 지역과는 차이가 있는 점이며, 시내인 왕경 지역 내에 무덤들이 자리 잡고 있는 것을 보면 삶과 주검(혹은 죽

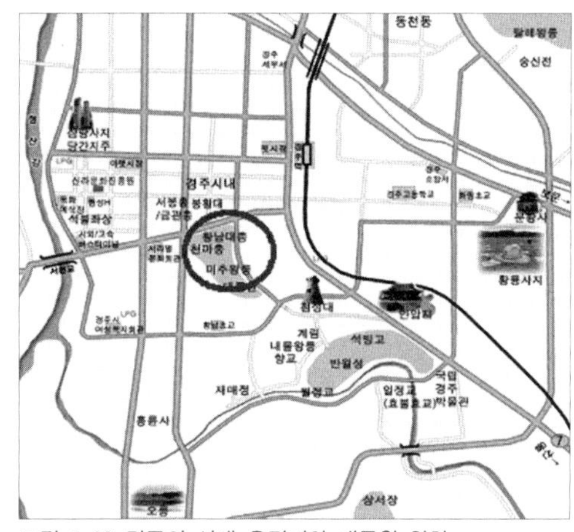

그림 1-23 경주의 시내 유적지와 대릉원 위치

경주왕릉이 산으로 간 까닭은?

신라의 천년 고도 경주에는 시내와 산등성이마다 신라인의 많은 유적지와 왕릉들이 즐비하고 그 무덤 속에서는 금빛 찬란한 유물들이 쏟아져 나온다. 그 중에서도 방문객들이 꼭 눈여겨보아야 할 유적지가 있다. 바로 시내 중간에 축조되어 있는 대형 고분 대릉원이다. 왜 신라인들은 왕릉과 무덤을 이처럼 시내중심지에 축조했을까?

무덤의 시내 축조는 그 당시 신라인들의 내세관을 그대로 반영하는 것으로 볼 수 있다. 그들은 현세의 삶이 내세까지 이어진다고 굳게 믿었기 때문에 사후의 안식처인 무덤 속으로 자신의 권세와 부를 가져가려 하였다. 이러한 내세관은 그들로 하여금 주거공간에 죽은 자의 무덤을 만들고, 그 안에 화려한 장신구와 막대한 부장품을 넣은 것이다. 또한 죽은 자를 시중들던 사람을 함께 산 채로 매장해 버리는 순장제도를 만들어냈다. 그런데 왕릉을 비롯한 지배계층의 무덤이 경주 시가지를 벗어나 산으로 간 까닭은 무엇일까?

첫째, 6세기에 접어들면서 왕경인 신라 수도 경주에는 많은 인구가 밀집하게 되었고, 굴식돌방무덤이 신라의 새로운 무덤 양식으로 도입된 데서 그 이유를 찾을 수 있다. 거주지역의 축소와 수도 인구의 밀집으로 더 이상 도심지역에 무덤을 만들기 어려운 상황이 된 것이다.

둘째, 신라에 불교가 전래되면서 신라인들의 내세관이 바뀌게 되었다. 이제 죽음은 현세의 삶과 단절인 동시에 내세에서의 삶의 시작으로 받아들이게 되었다. 삶과 죽음의 단절 없는 연속을 믿고 도심에 거대한 무덤을 만드는 것이 더 이상 무의미한 것으로 받아들여지기 시작한 것이다. 7세기 후반에는 문무왕이 자신이 죽은 후에 화장할 것을 유언하는 사건도 있었다.

셋째, 6세기 전반부터 신라는 주변지역을 공격하여 영토를 확장하기 시작하였고, 이로 인해서 지방민들의 강제노역을 이끌어내기는 어려운 상황이 되었다.

43

은 시신)을 구분하지 않았던 신라인들의 내세관을 엿볼 수 있다.

시내 중심지 남쪽 편의 평지(약 12만 5,400평)에 30여 기(현재는 사적지 정리에 의해 23기의 크고 작은 능이 있음)의 능이 솟아 있는 황남동의 대릉원(大陵苑)은 고분군(古墳群)의 규모로는 경주에서 가장 크며, 특히 대릉원 안에 위치한 황남대총은 국내 최대 규모를 자랑하고 있다.

대릉원 가운데 주목할 만한 것은 내부가 공개되어 있는 천마총(天馬塚)과 이 곳에 대릉원이라는 이름을 짓게 한 사연이 있는 미추왕릉(未鄒王陵), 그리고 그 규모가 경주에 있는 고분 중에서 가장 큰 황남대총(皇南大塚) 등이다.

❶ 천마총

천마총은 사적 제40호(경주 제155호분)로 대릉원 안 서북쪽에 위치하고 있는 돌무지덧널무덤(적석목곽분)으로, 고분 내부를 복원하여 일반인들에게 공개하고 있다. 무덤에 대한 일반인 공개로 말미암아 현대를 살아가는 우리들도 쉽게 신라천년의 신비를 체험할 수 있게 되었다.

천마총은 1973년 발굴했을 때 금관을 비롯한 11,500여 점의 유물이 출토되었다. 발굴 과정에서 날개 달린 말이 그려진, 말다래가 출토되어 '천마총'이라고 이름 붙여졌다. 말다래란 말을 탄 사람의 옷에 흙이 튀지 않도록 말의 안장 양쪽에 늘어뜨

그림 1-24 대릉원 소재 천마총의 외관

44

그림 1-25 무덤 내부가 공개된 천마총 입구

그림 1-26 시신을 안치한 천마총의 목곽 공개 모습

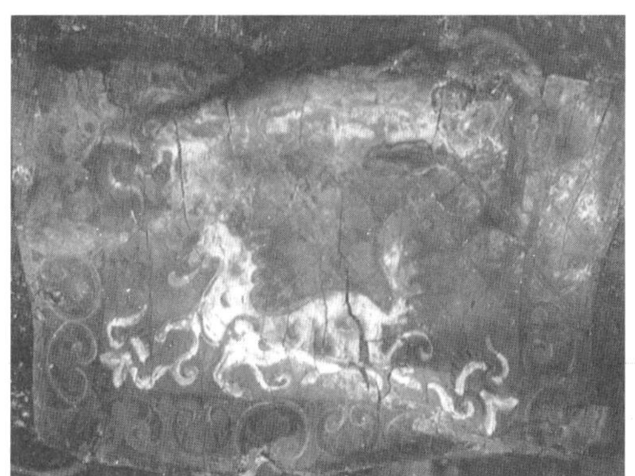

그림 1-27 천마총에서 발굴된 천마도 말다래

려 놓는 마구이다.

천마총에서는 금관을 비롯한 많은 유물들이 출토되었다. 현재 무덤 내부는 복제품으로 유물을 전시하고 있으며, 무덤 구조를 복원해 놓은 상태이다. 진품 유물은 국립경주박물관 등에 전시 중이다. 본서의 필자는 독자들이 직접 천마총을 방문하지 않고도 가상현실 제품(VR제품 - 본서의 〈부록 CD〉로 제공)을 통해서 왕릉의 신비를 느껴볼 수 있는 체험의 장을 마련하고 있다. VR제품을 통해서 천마총의 가상현실을 체험할 수 있는 방법들에 대해서는 다음 장에서 기술하게 될 것이다.

그림 1-28 일반인들에게 공개된 천마총 내부 모습

다음의 화면들은 필자가 제작한 VR제품을 보여주는 것이며, 현재 천마총에서 공개되고 있는 내용과 동일하다. 다만 경주에 방문하지 않아도 컴퓨터를 통해서 상세하게 무덤의 내부 구조를 관람할 수 있도록 제품이 만들어졌다는 점에서 차이가 있다.

그림 1-29 천마총 가상현실관 : 입구 1(원경)

천마총 가상현실관의 입구를 먼 곳에서 캡처한 화면이다. 현재는 무덤이 공개되어 있지만, VR제품을 통해서 방문하지 않고도 현실과 거의 비슷하게 시현해 보고 관람할 수 있다.

그림 1-30 천마총 가상현실관 : 입구 2(근경)

천마총 가상현실관의 입구를 가까이에서 캡처한 화면이다. VR제품(부록 CD)을 설치한 후에는 컴퓨터의 마우스와 키보드를 통해서 무덤 안으로 들어갈 수 있다.

그림 1-31 천마총 가상현실관 : 유물전시 모습

천마총 가상현실관의 입구를 통해서 무덤 내부로 들어가 본 화면이다. 무덤 내부에는 목곽과 유물을 볼 수 있도록 제작되어 있다.

그림 1-32 천마총 가상현실관 : 목곽적석분의 모습

가상현실로 구현한 적석목곽분의
모습과 목곽 위에 쌓아놓은 적석,
(냇돌)을 볼 수 있다.

그림 1-33 천마총 가상현실관 : 목곽적석분의 근경

가상현실로 구현한 적석목곽분의
근경을 캡처한 화면이다. 시신을
안치했던 곳과 유물들을 볼 수 있
다.

그림 1-34 천마총 가상현실관 : 전시유물 1

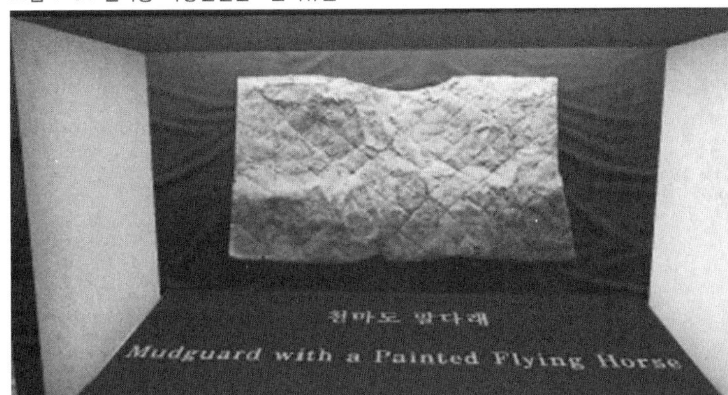

천마총에서 발견된 천마도 말다래(말안장에 하늘을 나는 말을 그린 그림)이다. 이 무덤의 주인이 누구인지는 알 수 없지만, 목곽 안에서 말다래가 출토되어 '천마총'이라는 이름이 붙게 되었다.

그림 1-35 천마총 가상현실관 : 전시유물 2

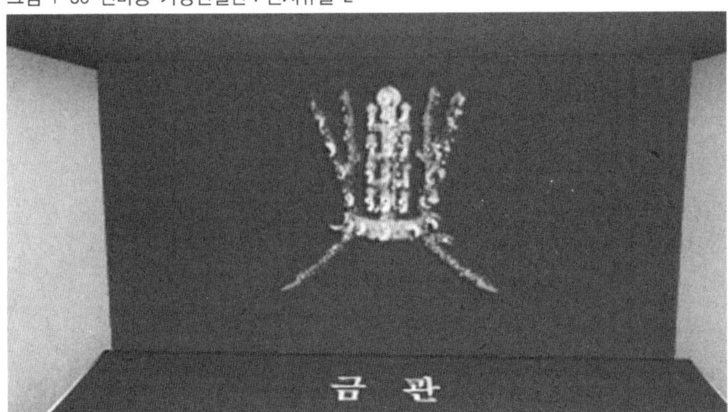

천마총에서 출토된 금관이다. 천마총에서는 많은 금으로 된 제품이 출토되었으며, 이로 보아 사람들은 신라를 '황금의 나라'라고 부르기도 한다.

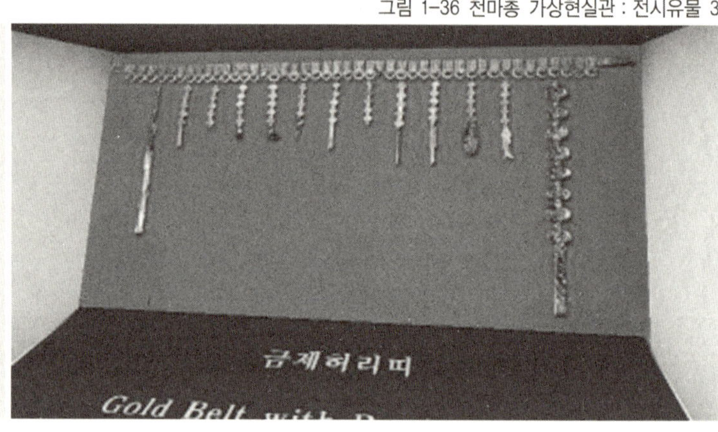

천마총에서 출토된 금제허리띠이
다.

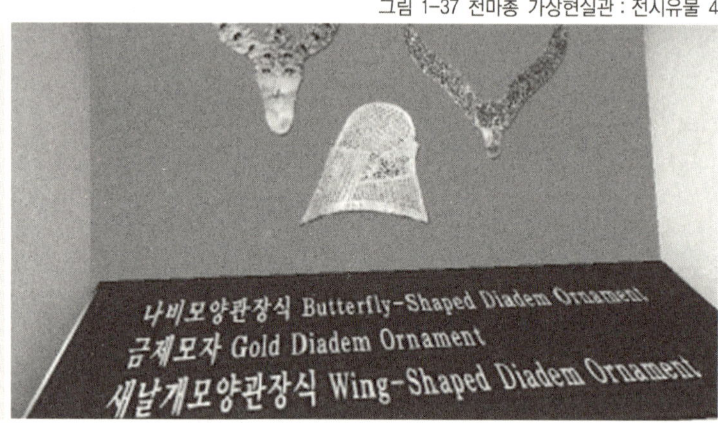

천마총에서 출토된 나비모양관장
식, 금제모자, 새날개모양관장식이
다.

그림 1-38 천마총 가상현실관 : 전시유물 5

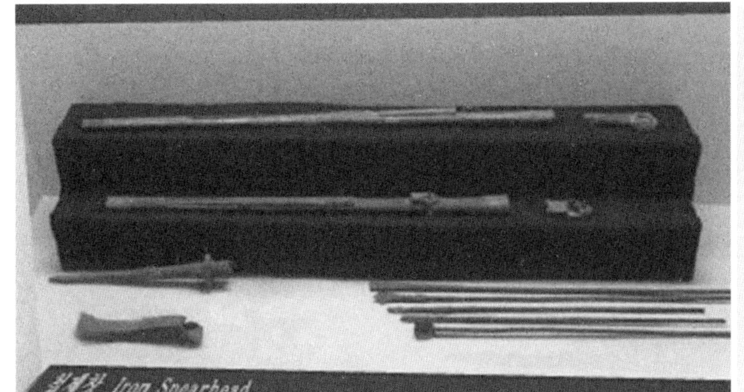

천마총에서 출토된 칼 종류의 유물들이다.

그림 1-39 천마총 가상현실관 : 전시유물 6

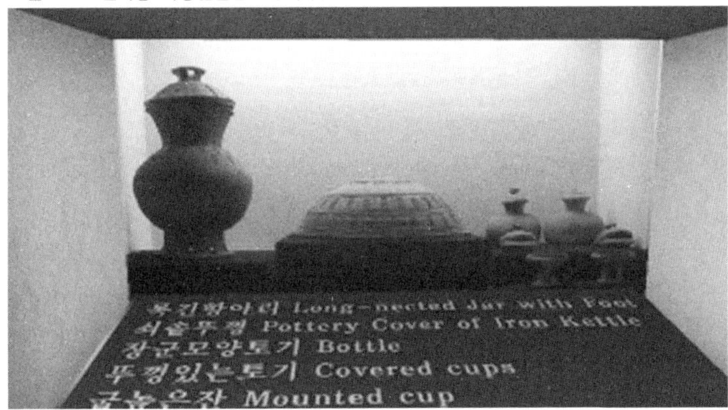

천마총에서 출토된 목긴항아리, 쇠솥뚜껑, 장군모양토기, 뚜껑있는토기, 굽높은잔이다.

그림 1-40 천마총 가상현실관 : 전시유물 7

천마총에서 출토된 칠기찬합, 새모양칠기잔, 기마인물도, 서조도이다.

그림 1-41 천마총 가상현실관 : 전시유물 8

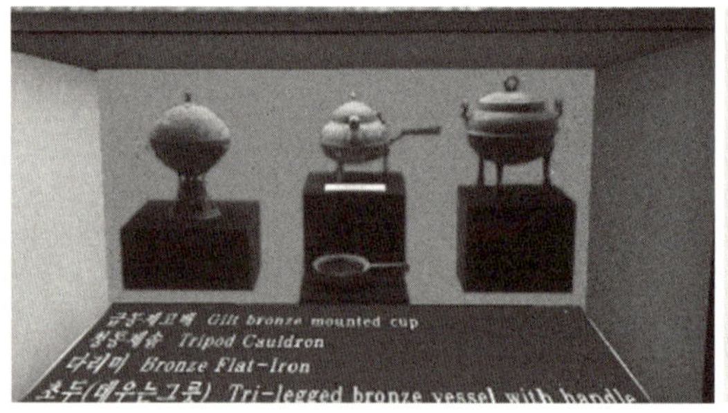

천마총에서 출토된 금동제고배, 청동제솥, 다리미이다.

그림 1-42 천마총 가상현실관 : 전시유물 9

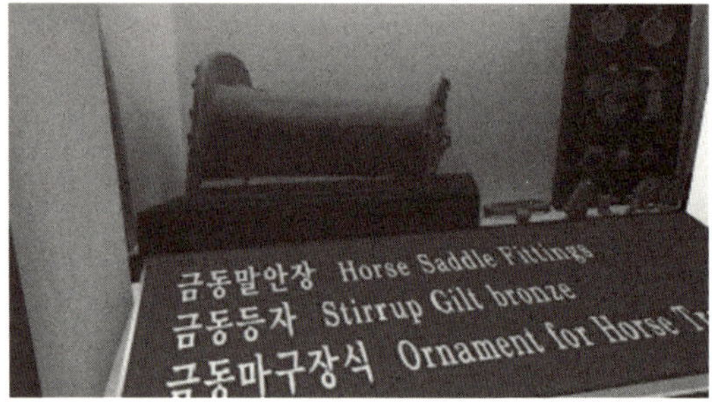

천마총에서 출토된 금동말안장, 금동등자, 금동마구장식이다.

❷ 미추왕릉

미추왕릉(사적 제175호)은 대릉원 안에 있는 미추왕(재위 262~284년)의 무덤이다. 『삼국사기』에 따르면, 미추왕은 경주 김씨의 시조인 김알지(金閼智)의 7대손으로 여러 차례 백제의 공격을 막아내고 농업을 장려하였으며, 김씨로서는 최초로 왕위에 오른 인물이다. 사후에 미추왕의 능을 대릉(大陵)이라고 하였다. '대릉원'이라고 명명한 것은 이러한 기록에 근거한 것이다.

그림 1-43 미추왕릉

미추왕릉은 지름 56.7m, 높이 12.4m로 경주시내 평지고분 가운데에서도 대형분에 속한다. 내부 구조는 돌무지덧널무덤(積石木槨墳)일 것으로 추정된다. 능 앞에는 화강석으로 만든 혼유석(魂遊石)이 있고, 남쪽에는 삼문이 있으며 이 삼문을 따라 담장이 돌려져 무덤 전체를 보호하고 있으나, 모두 후대에 설치한 것이다. 또 능 전방 가까운 곳에 왕을 제사하기 위한 숭혜전(崇惠殿)이 있는데 임진왜란 때에 불탄 것을 조선 정조 18년(1794년)에 다시 세운 것이다.

미추왕은 신라 최초의 김씨 왕이고 왕비는 광명부인(光明夫人)이다. 『삼국사기(三國史記)』에는 왕이 재위 23년에 돌아가니 대릉(大陵)에 장사지냈다고 하였다. 『삼국유사(三國遺事)』에는 미추왕릉이 흥륜사(興輪寺) 쪽에 있다고 하여 경주시내 평지고분군 가운데 있음을 전하고 있다.

한편 미추왕릉에는 죽엽군(竹葉軍) 전설이 전하고 있다. 미추의 다음인 유리왕(儒理王) 14년(297년)에 이서국(伊西國)이 금성(金城)을 침공하므로 크게 군사를 일으켜 막았으나 물리치지 못했다. 그런데 갑자기 귀에 댓잎을 꽂은 이상한 군사들이 몰려와 아군과 함께 적을 격파하였다. 적이 물러간 뒤 이 군사들이 어디로 갔는지 알 수 없었는데 다만 댓잎이 미추왕릉 앞에 쌓여 있는 것을 보고 비로소 선왕의 음조(陰助)인 것을 알고 이에 미추왕릉을 '죽현릉'(竹現陵, 또는 竹長陵)이라 불렀다고 한다.

❸ 황남대총

황남대총(황남동 제98호 고분)은 표주박형 고분으로, 대릉원에서뿐만 아니라 신라시대 고분 중에서도 규모가 가장 크다. 지상에 노출되어 있는 지름이 80m, 높이 23m에 달하고 있다. 황남대총은 남분(南墳)과 북분(北墳)으로 나뉘어져 있는데 남분을 먼저 축조하고 후에 북분을 남분에 연결시켜 만든 것으로 보인다. 출토 유물 등으로 미루어, 이곳은 부부의 능으로 추정된다.

표 1-6 대릉원 내 주요 왕릉의 규모 비교

고분 명칭	봉토 크기
황남대총(남분)	지름 80m, 높이 22.2m
황남대총(북분)	지름 80m, 높이 23.0m
천마총	지름 47m, 높이 12.7m
미추왕릉	지름 56.7m, 높이 12.4m

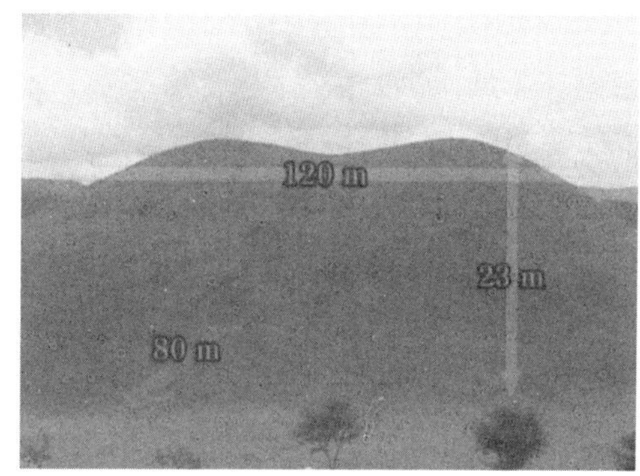

그림 1-44 황남대총 북분의 규모

그림 1-45 황남대총을 가까이에서 본 모습

그림 1-46 황남대총을 멀리서 본 모습

2. 사진과 영상을 통해서 보는 경주왕릉 문화체험

　신라의 천년 고도인 경주를 처음 찾은 사람들은 도시를 바라보는 순간 아름다운 자연과 함께 어우러져 있는 수많은 왕릉과 고분군, 그리고 세계적인 문화유산들을 접할 수 있다. 특히 왕릉을 처음 본 관람객들은 그 웅대한 규모를 보고 다시 한번 놀라게 된다. 그리고 조금은 사려 깊고 상상력을 발휘할 수 있는 관람객이라면 무덤 속의 구조는 어떻게 되어 있으며, 어떤 유형의 유물들이 출토되었을까 하는 의구심을 가지게 될 것이다.

(1) 경주왕릉과의 만남 1 : 사진으로 미리 보는 경주왕릉

　사진과 이에 대한 간단한 설명을 통해 경주에 소재하고 있는 대표적인 왕릉들을 미리 보기로 하자. 사진으로 미리 보는 경주왕릉은 신라시대에 축조된 왕들의 무덤에 대한 이해를 돕고, 수천 년 동안 비밀 속에 가려져 왔었던 왕릉의 세계로 여러분을 안내해 줄 것이다.

　왕릉의 세계를 통해서 우리는 신라인의 삶과 문화수준을 조금씩 이해하게 되며, 왕릉에서 발굴된 다양하고 세련된 유물과 유적지를 보고 있노라면 저절로 감탄과 찬사가 흘러나온다.

1. 오릉

그림 2-1 오릉 전경
■ 왕릉명 : 오릉(사적 제172호)
■ 위　치 : 경상북도 경주시 탑동 67

오릉은 신라 초기의 왕릉으로 시조 박혁거세, 제2대 남해왕, 제3대 유리왕, 제5대 파사왕 등 5인의 능이라 전한다. 또 일명 사릉(蛇陵)이라고도 한다. 이러한 명칭은 시조 박혁거세가 죽은 후 7일 만에 유체(遺體)가 5개로 나뉘어 떨어져 이를 합장하려고 하니 큰 뱀이 나와 방해하므로 그대로 5군데에 매장하였다는 『삼국유사』의 기록에서 연유한 것이다.

오릉에서 특이한 것은 그 중 1기(基)가 표형분이라는 점이다. 결국은 6인의 능으로 『삼국사절요』(三國史節要)에는 박혁거세와 왕비 알영부인을 포함하고 있다. 능 입구의 홍전문(紅箭門)을 세운 기둥이 당간지주이며 담암사(曇巖寺)가 있었다는 기록과 일치하고 있다. 봉분은 직경 20m 내외, 높이 10m 내외이다.

2. 삼릉

그림 2-2 삼릉 전경
■ 왕릉명 : 삼릉(사적 제219호)
■ 위 치 : 경상북도 경주시 배동 73-1

배리삼릉(拜里三陵)은 경주 남산의 서쪽 기슭에 동서로 세 왕릉이 나란히 있어 붙여진 이름이다. 서쪽 밑으로부터 신라 제8대 아달라왕, 제53대 신덕왕, 제54대 경명왕 등 박씨 3왕의 능이라 전하고 있다. 모두 원형 봉토분으로 전방에 후대에 설치된 혼유석(魂遊石)만 있을 뿐 다른 시설물은 없다. 중앙의 전(傳) 신덕왕릉은 두 차례에 걸쳐 도굴을 당하여 1953년과 1963년에 내부가 조사되었다. 조사 결과 매장주체는 깬 돌로 쌓은 횡혈식 석실로 밝혀졌다. 석실은 평면 방형이었고, 천정은 궁륭상이었으며, 연도는 남벽 가운데에 달렸는데 석실과 연도 사이에는 판석 2매로 된 문을 달았다. 석실 벽면의 길이는 3.04~3.09m이고, 석실 바닥에서 천정 뚜껑돌까지의 높이는 3.91m였다. 석실 바닥 가운데에는 평면 방형으로 깬 돌을 쌓고 그 위에 두께 5cm 정도의 판석 2매를 남북으로 놓아 2인 합장용의 시상(屍床)을 설치하였다. 석실과 연도의 모든 벽면과 천정, 그리고 시상의 측면에는 석회를 두껍게 발랐다.

3. 대릉원

그림 2-3 대릉원 전경
- 왕릉명 : 대릉원(경주황남리고분군)
           (사적 제40호)
- 위   치 : 경상북도 경주시 황남동 6-1

경주시내 평지 무덤들 가운데 서남쪽에 있는 신라의 무덤들이다.

크고 작은 수십 기(基)의 무덤들이 남아 있는데, 1973년 '대릉원'이란 고분공원으로 조성되었다. 이 안에는 천마총, 황남대총, 검총 등과 미추왕릉이라고 전하는 무덤이 포함되어 있다. 내부 구조는 대부분 신라 특유의 돌무지덧널무덤(적석목곽분)으로 보인다.

4. 서악리고분군

그림 2-4 서악리고분군 전경
■ 왕릉명 : 서악리고분군(사적 제142호)
■ 위　치 : 경상북도 경주시 서악동 750

　경주 서악동 무열왕릉 바로 뒤편의 구릉에 분포하는 4개의 대형 무덤을 가리킨다. 이곳의 무덤들은 경주 분지의 대형 무덤과 비슷한 형태로 둥글게 흙을 쌓아올린 원형 봉토무덤이다. 무덤의 주인에 대해 첫 번째 무덤은 법흥왕릉(재위 514~540년), 두 번째 무덤은 진흥왕릉(재위 540~576년), 세 번째 무덤은 진지왕릉(576 ~579년), 네 번째 무덤은 문흥왕릉(무열왕의 부) 등으로 추정되기도 한다.

5. 일성왕릉

그림 2-5 일성왕릉 전경
■ 왕릉명 : 일성왕릉(사적 제173호)
■ 위   치 : 경상북도 경주시 탑동 산 23

　신라 제7대 일성왕(재위 134~154년)의 무덤이다. 이 능은 높이 5.3m, 지름 15m의 둥글게 흙을 쌓아올린 원형 봉토무덤이다. 밑둘레에는 자연석을 이용하여 둘레돌을 둘렀으며, 내부는 굴식돌방무덤(횡혈식석실묘)이다. 무덤 앞 2단 축대는 경내를 보호하기 위해 최근에 만들어진 것이다.

　일성왕의 성은 박씨이며, 이름은 천일창이다. 유리왕의 장자 혹은 갈문왕 박아도의 아들, 갈문왕 일지의 아들이라고도 하여 누구의 아들인지가 정확하게 기록되어 있지 않다. 왕은 21년간의 재위 기간 중 농토를 늘이고 제방을 수리하여 농업을 권장하였으며 민간에서 금, 은, 주옥(珠玉)의 사용을 금지하는 등 백성을 위한 정치에 주력하였다. 또한 금성에 정사당(정치를 하는 장소로 추정됨)을 설치하였고, 지방의 인재를 천거하도록 하였다.

6. 미추왕릉

그림 2-6 미추왕릉 전경
- 왕릉명 : 미추왕릉(사적 제175호)
- 위　치 : 경상북도 경주시 황남동 89-2

　신라 제13대 미추왕릉(재위 262~284년)의 무덤으로 고분군으로 조성된 대릉원 안에 있다. 이 능은 높이 12.4m, 지름 56.7m로 둥글게 흙을 쌓아올린 원형 봉토무덤으로 평지고분 가운데에서도 대형분에 속한다. 내부 구조는 돌무지덧널무덤인 것으로 추정된다. 능 앞에는 화강석으로 만든 혼이 머무는 자리인 혼유석이 있다. 특이하게 담장을 둘러 무덤 전체를 보호하고 있으며 조금 떨어진 무덤 앞쪽에는 위폐를 모신 숭혜전이 있다.

　미추왕의 성은 김씨이며, 이름은 미추이다. 김알지의 6대손으로 아들이 없던 첨해왕이 갑작스레 죽게 되자 대신들의 추대로 왕위에 올랐으며 신라 최초의 김씨 왕이다. 그는 농업을 장려하고 민심을 잘 헤아리는 어진 정치를 펼쳤다.

7. 내물왕릉

그림 2-7 내물왕릉 전경
- 왕릉명 : 내물왕릉(사적 제188호)
- 위   치 : 경상북도 경주시 교동 14

신라 제17대 내물왕(재위 356~402년)의 무덤으로 대릉원의 남쪽이자 월성에서도 가까운 곳이다.

능은 밑둘레 68m, 높이 5.8m, 지름 22m의 둥글게 흙을 쌓은 원형 봉토무덤이다. 밑둘레에는 자연석을 이용하여 둘레돌을 돌렸으며, 내부형태는 거대한 규모의 돌무지덧널무덤이나, 규모가 작고 둘레돌이 있는 것으로 보아 굴식돌방무덤으로 추정되기도 한다.

내물왕은 구도갈문왕의 손자이며, 각간(角干) 말구의 아들이다. 어머니는 휴례부인 김씨이고, 왕비는 미추 이사금의 딸인 보반부인(保反夫人) 김씨이다.

왕은 김씨로는 두 번째로 왕위에 올랐다. 이후 김씨 성에 의한 독점적 왕위계승이 이루어진다. 내물왕은 중국의 문물을 받아들이고 여러 차례 왜구의 침입을 물리치는 등 외교와 국방에 힘썼으며, 고대 국가의 체제를 확립하였다.

8. 법흥왕릉

그림 2-8 법흥왕릉 전경
- 왕릉명 : 법흥왕릉(사적 제176호)
- 위　치 : 경상북도 경주시 효현동 산 63

　　신라 제23대 법흥왕(재위 514~540년)의 무덤이다. 이 능은 지름 13m, 높이 3m의 흙으로 쌓아 올린 타원형 무덤으로, 크기는 다소 작은 편이며 무덤 아래에는 둘레돌을 받쳤던 자연석이 있다.

　　법흥왕의 성은 김씨이며, 이름은 원종이다. 제22대 지증왕의 맏아들로 왕권 강화를 위해 상대등과 병부를 설치하고, 520년에 율령을 반포했으며, 신하들의 계급에 따라 옷차림을 달리했다. 그는 528년에 처음으로 불교를 공인하여 국교로 정하고 신라 최초의 사찰인 흥륜사를 건립하였다. 또한 가야국을 정복하여 비옥한 낙동강 유역의 영토를 확보하면서 삼국통일의 기반을 다져 놓았다.

9. 진흥왕릉

그림 2-9 진흥왕릉 전경
- 왕릉명 : 진흥왕릉(사적 제177호)
- 위   치 : 경상북도 경주시 서악동 산 92-2

신라 제24대 진흥왕(재위 540~576년)의 무덤이다. 높이 5.8m, 지름 20m의 타원형 봉토무덤으로 된 이 능은 자연석을 이용해 둘레돌을 돌렸으나 현재는 몇 개만이 노출되어 있다. 신라 왕 중 가장 위대한 업적을 남긴 왕의 무덤으로서는 규모가 작은 편이다.

진흥왕은 법흥왕의 아우 김입종의 아들이며, 법흥왕의 딸 지소 태후 김씨 소생으로 이름은 삼맥종이다. 지증왕의 손자인 그는 540년 7월 법흥왕이 죽자 모후 지소의 섭정을 받으며 7세의 나이에 왕위에 올라 544년에 이찬 이사부로 하여금 '국사'를 편찬케 했다. 553년에는 백제의 한강유역을 점령했고, 이듬해에는 대가야를 정벌한 후 점령지마다 순수비를 세웠다. 이밖에 진흥왕은 황룡사를 세웠고, 삼국통일의 중추세력인 화랑도를 창설하는 등 삼국통일의 기반을 마련하였다.

10. 진평왕릉

그림 2-10 진평왕릉 전경
- 왕릉명 : 진평왕릉(사적 제180호)
- 위　치 : 경상북도 경주시 보문동 608

　신라 제26대 진평왕(재위 579~632년)의 무덤으로, 낭산 동쪽 산자락이 시작되는 보문동 평지에 위치하고 있다. 지름은 36.4m, 높이는 7.9m로, 아무런 장식이 없는 봉토분이다. 흙으로 쌓아 올림 봉분에는 커다란 자연석 하나가 박혀 있을 뿐이다. 진평왕은 579년에 왕이 되어 632년까지 53년간 왕위에 있었으므로, 신라 초대 왕인 박혁거세 이후 가장 오랫동안 왕위에 있었다.

　진평왕의 성은 김씨이고, 이름은 백정이다. 아버지는 진흥왕의 태자인 동륜이며, 어머니는 일종갈문왕의 딸인 만호부인이다. 572년에 아버지 동륜 태자가 죽자, 할머니 사도 태후의 보살핌 아래 성장했다. 579년 7월에 사도 태후가 진지왕을 폐하자 13세에 왕위에 올랐다. 54년간 재위하면서 중앙의 통치제도를 크게 정비하였으며, 중국 수나라와 조공을 통한 외교관계를 수립하였다.

11. 선덕여왕릉

그림 2-11 선덕여왕릉 전경
■ 왕릉명 : 선덕여왕릉(사적 제182호)
■ 위   치 : 경상북도 경주시 보문동 79-2

신라 최초의 여왕인 제27대 선덕여왕(재위 632~647년)의 무덤이다. 이 능의 밑둘레는 73m에 달하는 원형 봉토분으로서 자연석을 이용해 봉분 아래를 2단으로 쌓아 보호석으로 한 것이 특징이다. 십이지신상 조각이 있을 위치에 큰 돌들이 세워져 있다.

선덕여왕의 성은 김씨이며, 이름은 덕만이다. 그녀의 동생은 서동(뒤에 백제의 무왕이 됨)과의 로맨스로 유명한 선화공주이다.

선덕여왕은 아들이 없던 진평왕(재위 579~632년)의 큰 딸로서 왕위를 이을 아들이 없었을 뿐 아니라, 성골 출신의 남자가 하나도 없어서 왕위에 오를 수 있었다. 재위 16년간 후일 태종 무열왕이 된 김춘추, 명장 김유신 등의 보필로 삼국통일의 기초를 닦았으며 분황사, 첨성대 등과 신라 최대의 황룡사9층목탑을 세워 신라 불교건축의 금자탑을 이루기도 하였다.

12. 진덕여왕릉

그림 2-12 진덕여왕릉 전경
- 왕릉명 : 진덕여왕릉(사적 제24호)
- 위　치 : 경상북도 경주시 현곡면 오류리 산 48

　　신라 제28대 진덕여왕(재위 647~654년)의 무덤이다. 이 능은 지름 14m, 높이 4m로 왕릉은 구릉의 중복에 있으며 외부모습은 흙으로 덮은 원형 봉토분으로서 밑둘레에 병풍모양으로 다듬은 판석으로 왕릉의 보호석을 마련하고 판석의 사이사이에는 12개의 탱석을 끼워 넣어 방향에 따라 십이지신상을 새겼다. 판석으로 된 호석 위에는 장대석으로 갑석을 올려놓았으나 뒤에 보수하여 원래의 장대석이 아닌 것도 있다. 호석뿌리에서 일정한 간격으로 왕릉 및 둘레를 따라 깐돌을 놓고 그 밖으로 돌난간을 세운 형식인데 지금은 난간 부재가 거의 없어졌다. 진덕여왕의 성은 김씨이며, 이름은 승만이다. 선덕여왕이 죽게 되자 사촌여동생이었던 승만이 왕이 되었고 8년간 재위하였다. 그녀는 중국의 문물을 받아들여 당나라와 우호적인 관계를 유지하였다. 참고로 신라 시조인 박혁거세로부터 진덕여왕까지의 왕은 성골 출신이, 이후 무열왕부터 마지막 경순왕까지는 진골 출신이 되었다.

13. 무열왕릉

그림 2-13 무열왕릉 전경
■ 왕릉명 : 무열왕릉(사적 제20호)
■ 위 치 : 경상북도 경주시 서악동 842

　　신라 제29대 태종 무열왕(재위 654~661년)의 무덤이다. 이 능은 높이 8.7m, 밑둘레 114m의 큰 봉분으로 능선이 유연한 곡선을 그려 아름답다. 능 둘레에 자연석으로 1m쯤 석축을 쌓고 3m 간격으로 호석을 세웠으나 흙에 묻혀서 잘 보이지 않는다. 별다른 장식이 없이 규모가 큰 삼국시대 초기의 능으로는 마지막에 속하며 이후로는 호석을 세우는 등 화려하고 장엄한 멋을 살린 통일신라 시대의 능이 시작된다.

　　무열왕의 성은 김씨이며, 이름은 춘추이다. 진덕여왕이 후계자 없이 죽자 대신들의 추대로 왕위에 올랐다. 무열왕은 최초의 진골 출신 왕이며, 김유신과 함께 삼국통일의 기틀을 다졌다. 재위 6년(659년)에는 백제를 공격하기 위하여 당나라에 군사를 요청하였다. 7년(660년)에는 당나라 고종이 소정방에게 13만 군사를 이끌고 백제를 정벌케 하였다.

14. 문무대왕릉

그림 2-14 문무대왕릉 전경
■ 왕릉명 : 문무대왕릉(사적 제158호)
■ 위 치 : 경상북도 경주시 양북면 봉길리

　　신라 제30대 문무왕(재위 661~681년)의 무덤으로 오늘날 대왕암이라 불리고 있다. 문무대왕릉은 세계에 유례가 없는 수중릉(水中陵)으로 동해변에서 200m 떨어진 바다 속에 있으며 대왕암 안쪽에는 동서남북으로 인공수로를 만들었다. 바닷물은 동쪽에서 들어와 서쪽으로 나가게 만들어 항상 잔잔하게 하였다. 대왕암 가운데 넓은 공간에는 넓적하고도 큰 돌이 남북으로 길게 놓여져 있는데(길이 3.6m, 너비 2.85m, 두께 0.9m의 거북모양의 화강암석), 이 돌 밑에 문무대왕의 유골을 봉안한 것이 아닐까 추정되고 있다.

　　문무왕의 성은 김씨이며, 이름은 범민이다. 태종 무열왕의 맏아들로 당나라와 연합해 삼국통일을 이룬 후, 백제의 부흥군을 제압하고 삼국의 영토를 차지하려던 당나라마저 완전히 몰아냈다. 그는 21년간 재위하였고 『삼국사기』에는 다음과 같은 유언을 전하고 있다.

　　"나의 유해를 불교식으로 화장해 동해에 장사 지내라. 그리고 나를 위해 큰 무덤을 만들지 말라. 옛날 천하를 다스리던 위력 있는 임금일지라도 끝내는 한 줌의 흙더미로 변하고 마침내는 나무꾼 아이들과 목동들이 그 위에서 노래 부르고 여우와 토끼들이 굴을 파는데 죽은 사람의 일에 많은 경비를 들이는 일은 재물만 낭비하는 일이요, 백성들의 수고만 헛되게 하는 일일 뿐, 영혼을 오래도록 고요히 평안하게 하는 일은 못될 것이며, 또한 내가 즐거워하는 일이 아니다. 내가 숨을 거둔 열흘 뒤에는 화장하고 장례는 간소하게 하라."

15. 신문왕릉

그림 2-15 신문왕릉 전경
- 왕릉명 : 신문왕릉(사적 제181호)
- 위 치 : 경상북도 경주시 배반동 453-1

   신라 제31대 신문왕(재위 681~692년)의 무덤이라 전한다. 능의 구조는 원형토분으로 봉분의 밑둘레에는 봉토를 보호하기 위한 호석을 설치하였는데, 벽돌 모양으로 다듬은 돌을 5단으로 쌓았고, 이 석축을 지탱하기 위한 44개의 삼각형 받침돌을 같은 간격으로 설치해 놓았다.

   신문왕의 성은 김씨이며, 이름은 정명이다. 문무왕 5년(665년)에 태자로 책봉되었다가 문무왕이 681년에 죽자 즉위하였다. 문무왕의 장남으로 왕위에 오른 신문왕의 시대는 삼국통일의 혼란기를 바로잡는 시기였다. 장인인 김흠돌의 반란을 제압하고, 국학을 창설하여 한문을 장려했으며, 설총과 강수와 같은 대학자를 배출하는 등 신라문화 발전에 많은 노력을 했다.

   신문왕은 삼국통일의 대업을 완수한 문무왕의 맏아들로 문무왕의 뒤를 이어 즉위하였다. 재위 12년 동안 관제를 정비하고 왕권을 확립하였으며, 학문을 장려하고 인재를 양성하기 위하여 국학을 설치하였다.

16. 효소왕릉

그림 2-16 효소왕릉 전경
■ 왕릉명 : 효소왕릉(사적 제184호)
■ 위   치 : 경상북도 경주시 조양동 산 8

신라 제32대 효소왕(재위 692~702년) 무덤이다. 토함산 서쪽에 있는 형제봉의 동남쪽으로 길게 뻗어 내린 구릉 말단부 서쪽에 있다. 이 능은 밑둘레 57m, 지름 15.5m, 높이 4.3m로 둥글게 흙을 쌓은 원형 봉토분이다. 밑둘레에는 자연석을 사용하여 보호석인 둘레돌을 돌렸으나, 지금은 몇 개만이 드러나 있다. 아무런 장식이 없으며 가까운 곳에는 성덕왕릉이 있다.

효소왕의 성은 김씨이며, 이름은 이홍이다. 신문왕의 장남으로 687년에 태어나 691년에 태자로 책봉되었고, 692년 6세의 나이에 왕위에 올랐다. 왕은 나이가 어렸기 때문에 왕후가 정사를 대신하였다. 왕은 재위 기간 동안 시장을 개설하여 경제력을 확충하였고, 대외적으로는 당나라와 일본과 우호적인 관계를 유지하였다.

17. 성덕왕릉

그림 2-17 성덕왕릉 전경
- 왕릉명 : 성덕왕릉(사적 제28호)
- 위　치 : 경상북도 경주시 조양동 산 8

　신라 제33대 성덕왕(재위 702~737년)의 무덤이다. 경주에서 불국사 방향으로 가는 길의 동남쪽 구릉 소나무숲 속에 자리하고 있다. 이 능은 밑둘레가 46m, 지름이 14.5m, 높이가 5m이다. 면석 사이에는 기둥 역할을 하는 탱석을 끼워 고정시켰으며, 그 바깥쪽에 삼각형의 돌을 세워 받치고 있다. 삼각형의 받침돌 사이에 십이지신상이 입체(立體)로 배치되어 있는데, 네모난 돌 위에 갑옷을 입고 무기를 들고 서 있는 모습인데, 심하게 파손되어 있다.

　성덕왕의 성은 김씨요, 이름은 흥광이다. 효소왕이 후계자 없이 죽자 대신들의 추대로 왕위에 올랐다. 재위 21년(722년)에는 모든 백성에게 '정전'이라는 토지를 나누어 주었으며, 이 시기에 이르러 신라의 문화가 꽃을 피우기 시작했다. 당과 적극적인 교류를 하였으며, 정치적으로 가장 안정된 신라의 전성기를 이끌어 나갔다.

18. 경덕왕릉

그림 2-18 경덕왕릉 전경
- 왕릉명 : 경덕왕릉(사적 제23호)
- 위   치 : 경상북도 경주시 내남면 부지리 산 8

　　신라 제35대 경덕왕(재위 742~765년)의 무덤이라 전해지는 곳으로, 경주시가지에서 서남쪽으로 멀리 떨어진 구릉에 위치하고 있다. 구릉 경사면의 흙을 깎아 축조했으며, 흙을 둥글게 쌓아 올렸다. 맨 아래에 지대석을 놓고 면석과 기둥 역할을 하는 탱석을 교대로 세우고, 탱석 두 칸 건너 하나씩 무인복(武人服)을 입고 무기를 든 십이지신상을 돋을새김해 놓았다.

　　경덕왕의 성은 김씨이며, 이름은 헌영이다. 효성왕의 친동생인 그는 742년 5월에 효성왕이 죽자 왕위에 올랐으며 신라 문화의 황금기를 이룩한 왕이다. 재위 24년 동안 태평성대를 누리고 전국의 행정구역과 직제 등을 개편하였다. 굴불사와 불국사를 창건하였으며, 황룡사 대종과 성덕대왕 신종도 만들었다.

19. 원성왕릉

그림 2-19 원성괘릉(경주괘릉) 전경
- 왕릉명 : 원성왕릉(사적 제26호)
- 위 치 : 경상북도 경주시 외동읍 괘릉리 산 17

신라 제38대 원성왕(재위 785~798년)의 무덤으로 추정된다. '괘릉'이라고 불리는 이 무덤은 둥글게 쌓아 올린 봉토 밑 부분에는 넙적넙적한 병풍석을 두르고, 이 병풍석이 넘어지지 않게 하기 위하여 뿌리를 길게 한 돌못을 끼워 넣었다. 돌못 12개에는 각각 방위에 따라 12지신상이 양각되었다. 봉토 둘레에는 수십 개의 돌기둥을 세우고, 돌기둥 아래와 위에 둥근 구멍을 파서 기둥과 기둥 사이에 모가 난 길다란 돌을 끼워 난간을 돌렸으며, 기둥 사이에 끼운 긴 돌은 지금 남은 것이 없다. 괘릉의 무덤제도는 당나라의 영향을 받은 것이지만 둘레돌에 배치된 12지신상과 같은 세부적인 수법은 신라의 독창적인 것이다.

원성왕의 성은 김씨이며, 이름은 경신이다. 그는 14년간 재위하면서 제공의 난을 진압하고, 봉은사를 창건하였다. 당나라에 조공을 바쳐 신라왕의 책봉을 받은 뒤 독서삼품과를 설치해 많은 인재를 등용했다.

20. 헌덕왕릉

그림 2-20 헌덕왕릉 전경
■ 왕릉명 : 헌덕왕릉(사적 제29호)
■ 위　치 : 경상북도 경주시 동천동 80

　신라 제41대 헌덕왕(재위 809~826년)의 무덤으로 경주시 북쪽을 가로지르는 북천의 북안 평지에 위치하고 있다. 크기는 밑둘레 82m, 직경 26.8m, 높이 6m이다. 무덤 하부에 병풍처럼 다듬은 돌로 보완했고, 보호석에 십이지신상을 새겼는데, 지금은 북쪽에 있는 쥐 상을 비롯하여 소, 범, 토끼, 돼지 상 등 5개만 남아 있다.
　헌덕왕의 성은 김씨이며, 이름은 언승이다. 그는 소성왕이 죽은 뒤에 어린 애장왕이 왕위에 오르자 섭정이 되었다가, 애장왕 10년(809년)에 조카인 애장왕을 죽이고 왕위에 올랐다. 그는 당나라의 친교를 맺는데 힘을 기울여 군사를 파병하고, 1만 명의 백성을 동원해 300리에 달하는 패강장성을 쌓았다.

21. 흥덕왕릉

그림 2-21 흥덕왕릉 전경
- 왕릉명 : 흥덕왕릉(사적 제30호)
- 위　치 : 경상북도 경주시 안강읍 육통리 산 42

　신라 제42대 흥덕왕(재위 826~836년)의 무덤으로 무덤제도가 잘 갖추어진 왕릉이다. 밑둘레 65m, 직경 22.2m, 높이 6.4m로 능의 둘레에는 호석에 십이지신상을 새겼고, 그 주위로 돌난간을 둘렀다. 네 모서리에는 돌사자가 있고, 앞쪽에는 문인석, 무인석을 세웠는데 무인석은 서역인(西域人) 모습을 하고 있다. 무덤의 앞 왼쪽에는 비석을 세웠는데, 지금은 비석을 받쳤던 거북이 모양의 받침들만 손상된 채 남아 있다. 1977년 국립경주박물관과 사적관리사무소의 발굴조사 때 상당수의 비석 파편과 함께 '흥덕'이라 새긴 비의 조각이 나와 흥덕왕의 무덤인 것으로 밝혀졌다.

　흥덕왕은 헌덕왕의 동생으로 성은 김씨요, 이름은 경휘이다. 재위 3년(828년)에 장보고를 청해진 대사로 삼아 해적의 출몰을 막았으며, 이 시기에 당나라에서 가져온 차를 재배하여 전국적으로 성행시켰다.

22. 희강왕릉

그림 2-22 희강왕릉 전경
■ 왕릉명 : 희강왕릉(사적 제220호)
■ 위　치 : 경상북도 경주시 내남면 망성리 산 34

　신라 제43대 희강왕(재위 836~838년)의 무덤으로 전해진다. 이 능은 지름 14m, 높이 2.8m이다. 죽은 뒤 소산(蘇山)에 장사지냈다는 기록이 있어 이 무덤으로 짐작되고 있다. 능의 외형은 밑면이 높은 둥근 봉토분으로 일반적인 봉토분과 동일하나 일반 백성들의 묘보다 봉분 규모가 크다는 것 외에는 뚜렷한 특징이 없다.
　희강왕의 성은 김씨이고, 이름은 제륭이다. 원성왕의 손자로 흥덕왕이 후계자가 없이 죽자 사촌동생인 균정과 5촌 조카인 제륭이 서로 왕위를 놓고 다투게 되었다. 싸움에서 이긴 제륭이 즉위하였고, 김명이 상대등에, 이홍이 시중에 임명되었다. 838년(희강왕 3년)에 불만을 가진 김명, 이홍 등이 다시 난을 일으키자 희강왕은 자신이 살해당할 것을 두려워하여 자살하였다.

23. 민애왕릉

그림 2-23 민애왕릉 전경
■ 왕릉명 : 민애왕릉(사적 제190호)
■ 위　치 : 경상북도 경주시 내남면 망성리 산 40

　신라 제44대 민애왕(재위 838~839년)의 무덤으로 전해오고 있다. 이 능의 높이는 3.8m, 지름은 12.6m이며 흙을 쌓아 만든 원형 봉토분이다. 능의 외형은 밑 부분에 잘 다듬은 장대석(長臺石)으로 3단을 쌓아 올리고 그 위에 갑석을 얹고, 이들 축석을 보호하기 위하여 이를 반원형으로 다듬은 장대석으로 돌아가면서 기대어 받치고 있다. 이 능은 이와 같이 보호석축을 갖추고 있는 봉토분으로 신라왕릉의 한 형태를 나타내고 있다.

　민애왕의 성은 김씨이며, 이름은 명이다. 헌덕왕 대로부터 여러 벼슬을 거쳐 희강왕을 보좌한 덕으로 상대등에 임명되었다가 838년 정월에 시중 이홍과 함께 반란을 일으켜 왕위를 찬탈하였다. 그러나 그 역시 김양 등의 반란군에 의해 죽임을 당하였다.

24. 문성왕릉

그림 2-24 문성왕릉 전경
- 왕릉명 : 문성왕릉(사적 제178호)
- 위　치 : 경상북도 경주시 서악동 산 92-2

　　신라 제46대 문성왕(재위 839~857년)의 무덤이다. 높이 5.5m, 지름 20.6m의 원형 봉토무덤으로 밑둘레에 자연석을 이용해 둘레돌을 둘렀으나 지금은 몇 개만이 남아 있다. 내부는 굴식돌방무덤(횡혈식석실묘)으로 추정된다.

　　문성왕의 성은 김씨이며, 이름은 경응이다. 신무왕의 태자로 아버지가 일찍 죽자 그 뒤를 이어 제46대 임금이 되었다. 이 시기에는 반란이 끊이지 않았던 혼란의 시기였다. 재위 9년(847년)에는 이찬 양순과 파진찬 홍종 등이, 11년(849년)에는 이찬 김식과 대흔 등이 반역을 꾀하다가 죽었다.

25. 헌안왕릉

그림 2-25 헌안왕릉 전경
■ 왕릉명 : 헌안왕릉(사적 제179호)
■ 위 치 : 경상북도 경주시 서악동 산 92-2

신라 제47대 헌안왕(재위 857~861년)의 무덤이다. 무덤의 형태는 가장 단순한 형식의 무덤으로 높이 4.3m, 지름 15.3m의 원형 봉토분이다. 밑둘레에는 자연석을 이용하여 둘레돌을 둘렀으나, 현재 몇 개만이 남아 있다. 내부는 굴식돌방무덤(횡혈식석실묘)으로 추정된다.

헌안왕의 성은 김씨이며, 이름은 의정이다. 그는 신무왕의 이복동생으로 형인 신무왕이 왕위에 오르는 것을 도왔고, 조카인 문성왕이 즉위하였을 때는 나라의 높은 재상에 있었다. 그러다가 문성왕이 죽을 때 남긴 유언으로 왕위에 올랐다. 나라를 안정시키려 노력했으나 특별한 업적을 남기지는 못하였지만, 저수지를 수리하여 흉년에 대비하게 하는 등 농업을 적극적으로 장려하였다.

26. 헌강왕릉

그림 2-26 헌강왕릉 전경
- 왕릉명 : 헌강왕릉(사적 제187호)
- 위 치 : 경상북도 경주시 남산동 산 55

　　신라 제49대 헌강왕(재위 875~886년)의 무덤이다. 높이 4m, 지름 15.8m로 흙을 쌓은 원형 봉토분이며, 봉분 하부에 4단의 둘레돌을 돌렸다. 내부 구조는 연도가 석실의 동쪽 벽에 치우쳐 있으며, 석실의 크기는 남북 2.9m, 동서 2.7m이다. 벽면은 비교적 큰 깬 돌을 이용하여 상부로 갈수록 안쪽으로 기울게 모서리를 죽이는 방식으로 쌓았다.

　　헌강왕의 성은 김씨이며, 이름은 정이다. 헌강왕의 동생으로는 후에 정강왕이 되는 황과 뒤에 진성여왕이 되는 만이 있다. 그는 경문왕의 아들로 어려서부터 총명하였으며, 이 시기에 귀족들의 생활은 풍요로웠고 나라 안에는 처용무가 유행하였다. 그러나 헌강왕 말기부터 신라는 쇠퇴기에 접어들게 된다.

27. 정강왕릉

그림 2-27 정강왕릉 전경
- 왕릉명 : 정강왕릉(사적 제186호)
- 위 치 : 경상북도 경주시 남산동 산 53

　신라 제50대 정강왕(재위 886~887년)의 무덤이다. 이 능은 높이 7m, 직경 10m로 남산 동남록(東南麓) 송림 속에 있다. 봉토 밑에는 3단의 호석이 있는데 모두 가공한 장대석으로 축조하였다. 하단은 한층 넓게 쌓고 그 위에 2단의 석축을 쌓았는데, 밑은 넓고 위는 좁게 쌓았다. 전면에는 석상(石床)이 1매 놓이고 그 주위에 얇은 석단이 있으며 조금 떨어져 장대석이 한 줄 있다. 이 왕릉의 형식은 선왕인 헌강왕릉과 같으나 별로 치적이 없음에도 전왕과 같은 형식의 왕릉을 만들었음은 태평성세의 여세를 따라 그의 형의 왕릉 형식을 따른 듯하다. 보리사(菩提寺) 동남에 장사지냈음도 모두 전왕의 뒤를 따른 듯하다.

　정강왕의 성은 김씨이며, 이름은 황이다. 경문왕의 둘째 아들이자 헌강왕의 동생으로 자식이 없던 헌강 왕이 죽자 그 뒤에 이어 제50대 왕위에 올랐다. 병이 들어 겨우 1년 만에 왕위를 누이에게 물려주고 죽었다.

28. 효공왕릉

그림 2-28 효공왕릉 전경
- 왕릉명 : 효공왕릉(사적 제183호)
- 위   치 : 경상북도 경주시 배반동 산 14

신라 제52대 효공왕(재위 897~912년)의 무덤이다. 이 능은 높이 5m, 지름 21.2m의 둥글게 흙을 쌓은 원형 봉토무덤이다. 무덤 밑부분에는 무덤을 보호하기 위해 쌓았던 돌이 몇 개 남아 있으며, 외부에 아무런 장식이 없는 매우 단순한 형태의 무덤이다.

효공왕은 서자(후비 김씨 소생)로 김씨이며, 이름은 요이다. 신라 진성여왕의 뒤를 이어 왕위에 올라 16년간 왕으로 있으면서 기우는 국세를 바로잡지 못하고 후백제의 견훤, 후고구려 궁예의 공략에 국토를 빼앗겼다.

29. 경애왕릉

그림 2-29 경애왕릉 전경
- 왕릉명 : 경애왕릉(사적 제222호)
- 위　치 : 경상북도 경주시 배동 산 73-1

　신라 제55대 경애왕(재위 924~927년)의 무덤이다. 이 능은 밑둘레 43m, 지름 12m, 높이가 4.2m이며, 평범한 원형봉토분으로 겉에는 아무런 시설과 장식이 없다. 능 앞에 상석이 있으나 최근에 설치한 것이다. 봉토가 일반 묘보다 크므로 왕릉이라 전하나 왕릉으로는 빈약한 편이다. 원래는 직사각형으로 다듬은 석재로 호석을 쌓고 5각형 돌기둥을 둘러 가면서 받쳐 놓은 민애왕릉과 같은 양식의 능이었는데 지금은 흙에 묻혀 보이지 않는다.

　경애왕의 성은 박씨이며, 이름은 위응이다. 경애왕은 4년간 재위했는데 927년 포석정(鮑石亭)에서 잔치를 베풀고 있을 때 불의에 후백제 견훤(甄萱)의 습격을 받아 비참한 최후를 마친 왕이다.

30. 경순왕릉

그림 2-30 경순왕릉 전경
■ 왕릉명 : 경순왕릉(사적 제244호)
■ 위　치 : 경기도 연천군 장남면 고랑포리 산 18-2

　　신라 제56대 마지막 왕인 경순왕(재위 927~935년)의 무덤이다. 무덤의 높이는 약 3m, 지름 7m의 둥글게 흙을 쌓아올린 원형 봉토무덤으로 판석을 이용해 둘레돌을 돌렸다. 신라 왕릉 중 유일하게 경주 지역을 벗어나 경기도에 있으며, 망국 후에 조성된 때문인지 왕릉으로서는 매우 소박하다.

　　경순왕은 문성왕의 후손으로 성은 김씨이고, 이름은 부이며 경애왕의 친척(외종제)이다. 그는 후백제 견훤의 침략으로 경애왕이 자살하자 견훤의 천거를 받고 왕위에 올랐다. 견훤에 의해 옹립된 왕이었지만, 견훤의 난폭함을 목도한 관계로 경순왕은 후백제의 견훤보다는 고려의 왕건에게 마음이 끌리고 있었다. 그래서 935년에 대신들과 상의 끝에 신라를 왕건에게 내주게 된다.

(2) 경주왕릉과의 만남 2 : 영상으로 미리 보는 경주왕릉

경주는 신라 천년의 고도로서 수많은 유적지와 유물들을 보유하고 있는 역사도시이다. 이제는 비밀과 신비로 가득 찬 왕릉문화의 우수성을 널리 홍보하고, 경주지역에 산재하고 있는 왕릉의 체계적인 관리와 보존방법을 탐구해야 할 때이다.

이를 위해 본 장에서는 먼저 경주관광문화자원인 "대릉원"의 경주왕릉을 대상으로 하여 필자가 개발한 객체 VR제품을 소개하기 위한 「영상물」을 소개한다. 제4장에서는 VR제품을 설치하고 구현하는 방법을 시현함으로써 VR을 통한 '경주왕릉 엿보기'를 수행한다.

❶ 대릉원 영상물 설치하기

대릉원 영상물인 대릉원 가상현실관을 설치하고 작동시켜 신나는 경주왕릉 문화여행을 해 보자. 이를 위해서는 다음과 같은 몇 가지 절차가 필요하다.

영상물을 작동시키기 전에 사전점검해야 할 사항은 다음과 같다.

① CD를 작동시키려고 하는 대상 컴퓨터는 펜티엄4 이상의 기종이어야 한다.

② 램메모리는 1G 이상이 확보되어야 한다.

③ 영상물을 작동시키는 데 필요한 매개프로그램으로 곰플레이어(Gomplayer)나 Windows Media Player, Adrenalin 등이 사전에 설치되어 있어야 한다.

이상의 조건들이 충족되지 않는다면 영상물이 원활하게 작동되지 않을 수도 있음에 유의하기 바란다. 만약 작동이 원활하지 않다면 보다 성능이 우수한 컴퓨터에서 작동시켜 보기 바란다.

① 본서에 부착되어 있는 〈부록 CD〉 대릉원 가상현실관을 CD 드라이브에 삽입시킨 후 하드디스크 C에 복사한다. CD가 들어가 있는 새 파일(D :)을 아래와 같이 클릭한다. CD에서 바로 영상물을 읽어 들일 수도 있으나 하드디스크에서 작동시키면 끊기는 현상 없이 빠르게 작동시킬 수 있으므로 가급적이면 부록의 내용을 하드디스크에 복사하여 사용하도록 한다.

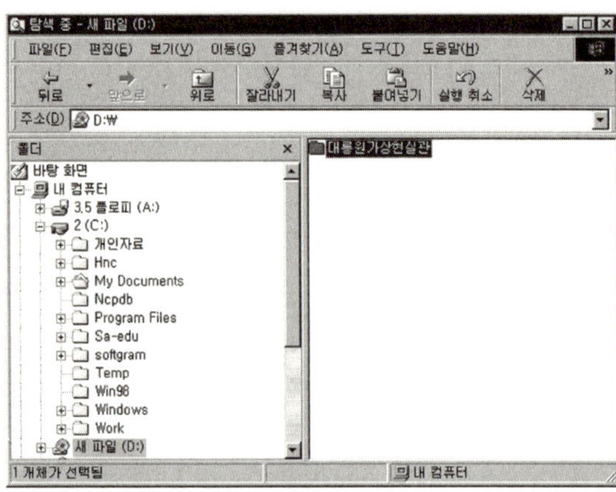

그림 2-31 대릉원 영상물 설치하기 1

② 새 파일(D :) 오른쪽 화면에 나타나 있는 대릉원 가상현실관 폴더를 마우스 왼쪽을 클릭한 상태에서 드래그인 하여 하드디스크 C : 에 가져다 놓아 복사한다. 그러면 하드디스크 C : 에 대릉원 가상현실관 폴더가 생기면서 그 안에 새 파일(D :)의 대릉원가상현실관 폴더에 있는 내용들이 복사된다.

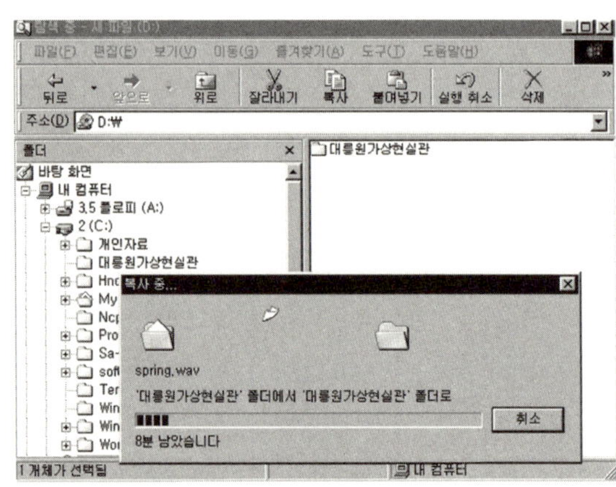

그림 2-32 대릉원 영상물 설치하기 2

③ 복사가 완료되면 하드디스크 C : 를 클릭한
다. 그러면 다음과 같은 화면이 나타난다.

그림 2-33 대릉원 영상물 설치하기 3

④ 대릉원 가상현실관 폴더 안의 하위폴더인
영상을 클릭하면 다음과 같이 황남대총.
mpg 파일이 나타난다. 마우스를 이용하여
이 파일을 클릭하면 영상물이 작동된다.

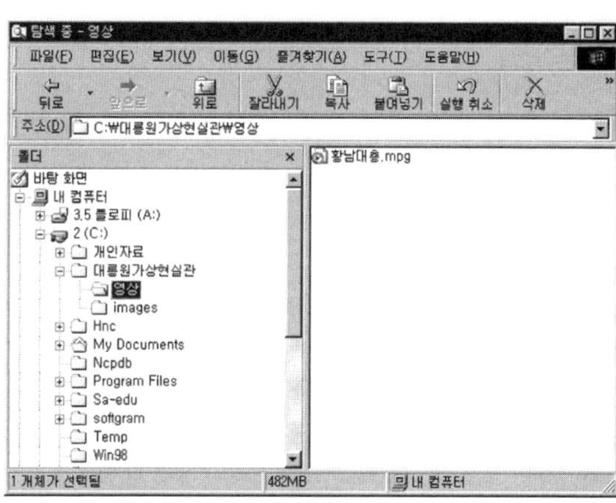

그림 2-34 대릉원 영상물 설치하기 4

❷ 영상물을 통한 경주왕릉 엿보기

본 영상물(경주 문화관광자원 대릉원–황남대총의 비밀)은 제4장에서 제시하게 될 VR제품을 사전에 설명하기 위한 목적으로 제작된 것이다. 먼저, 영상물 제작에 사용된 내레이션 자료를 제시하고 다음으로, 내레이션 순서에 따라서 제작된 영상물을 제시하는 방법으로 경주왕릉 엿보기를 할 것이다.

내레이션 자료

① 들어가는 영상

영상 : 지구→구름→56명의 신라왕들→간략소개 영상

배경음악 : 조용함→웅장함

② 도입 1 : 신라건국과 왕조 역사

서라벌은 기름지고 풍요로운 땅이었다. 이 곳에는 여섯 마을이 촌장을 중심으로 평화롭게 살고 있었다. 박혁거세가 13세에 제1대 신라왕에 즉위한 후 제56대 경순왕까지 992년 동안 총 56명이 왕위에 올랐다.

박혁거세가 '서라벌'이라는 이름으로 나라를 세운 후, 기림이사금왕 때인 307년에 국호를 '신라'로 개칭하였으며, 선덕여왕은 첨성대를 건립한다. 문무왕은 김유신 장군의 도움을 받아 고구려를 징벌한 후 당나라를 몰아냄으로써 드디어 삼국통일의 위업을 달성한다. 경애왕은 포석정에서 연회를 하다가 후백제 초대왕인 견훤의 습격을 받자 자살한다. 신라 마지막 왕인 경순왕은 견훤에 의하여 왕위에 올랐으나 935년에 고려 왕건에게 항복하였으며, 이로 이해 신라왕국은 소멸한다.

③ 도입 2 : 신라인의 숨결

　　그리고 오늘, 신라건국 후 천년, 그 역사의 숨결이 숨쉬는 이곳에서 시간과 공간을 초월하여 옛 신라
의 숨결을 다시 느껴본다.

④ 도입 3 : 되살아나는 새천년의 꿈과 미소

　　신라인들의 꿈과 생각이, 긴 세월 동안 무덤 속에 묻혀져 있다가 이곳 경주 서라벌 땅에 지금! 새천년
의 꿈과 미소로 다시 살아나고 있었다.
　　김유신 장군이 힘차게 달렸고,
　　신라의 여러 군왕들이 영화를 누렸던,
　　그리고 선조들의 숨결이 물씬 느껴지는 이곳!
　　경주시 황남동 고분군!

⑤ 도입 4 : 대릉원과 천마총 소개

　　경주 시내를 멀리서 바라볼 때 가장 눈에 띄는 것은 집들 사이에 원형으로 우뚝우뚝 솟아 있는 거대
한 무덤들이다.
　　그 중 대릉원이라 불리는 황남동 고분군은 천마총, 황남대총 등 30여 기의 거대한 무덤들이 운집해 있
는 곳으로, 155호 고분인 천마총은 1973년 발굴 당시, 자작나무 껍질에 하늘을 나는 말이 그려진 말다
래가 출토되어 붙여진 이름이며, 높이 12.7m의 비교적 큰 무덤으로, 현재는 생생한 역사교육을 위해
외부는 물론 무덤의 내부 구조와 유물들을 일반인에게 공개하고 있다.

⑥ 도입 5 : 황남대총 가상현실 제작 필요성

　　그러나 천마총 옆에 위치하고 있는 황남대총은, 그 봉토의 높이만도 천마총의 약 2배에 달하는 국내
최대 규모의 무덤이다. 1973년부터 1975년까지 발굴을 실시하였으며, 출토된 유물을 모두 박물관으로
보내 전시하고 있어, 현재는 봉분만이 쌓여져 있는 상태이다.
　　우리는 가상현실 기술을 이용해, 현재는 공개되어 있지 않은 황남대총의 내부 구조와 축조과정을 재

현하고, 이를 통해 신라시대의 무덤 축조기술과 생각들을 엿보고자 한다.

⑦ 황남대총 소개

대릉원의 30여 기 고분 중에서도 봉분의 크기가 가장 큰 황남대총은 98호 고분으로, 부부 합장의 쌍분이다.

동서의 바닥 길이가 80m, 남북의 길이가 120m, 높이가 23m에 이르는, 국내에서 확인된 최대 규모의 무덤으로 낙타 등처럼 굴곡을 이루며 남쪽 무덤과 북쪽 무덤으로 잇대어 축조되어 있다.

⑧ 황남대총 출토 유물 소개

북쪽무덤에서는 금관과 '부인대'라는 글씨가 새겨진 은팔찌 등 35,460점이 매장되어 있었고, 남쪽 무덤에서는 금동관과 무기류, 남자의 뼈 등 22,793점의 유물이 출토되었다.

자, 그러면 무덤에서 출토된 대표적인 유물들을 함께 살펴보도록 하자.

⑨ 황남대총 축조과정

그러면 황남대총의 축조과정을 알아보기로 할까요?

- 주곽을 만들기 위해 갈색 점토로 다진 바닥 면에 돌을 깝니다.
- 그런 다음 순차적으로 목곽을 축조합니다.
- 목곽 내외부 측벽 안에는 자갈을 넣어 채워 넣습니다.
- 시신은 위에서 아래로 내려놓은 방식으로 안치합니다.
- 부곽은 4개 기둥을 세운 후 목곽을 만듭니다.
- 외부에 적석을 쌓기 전에 지지대를 세우고 돌을 쌓아 올립니다.
- 마지막으로 여러 종류의 흙을 봉토하여 무덤을 완성합니다.

⑩ 신라인의 내세관과 순장 풍습

예로부터 많은 사람들은 사후 세계가 있다고 믿으며, 현재의 삶이 다음 세계로 이어진다는 생각을 가지고 있다. 이러한 생각은 순장풍습으로 나타난다.

황남대총에서는 순장자의 유골과, 말들이 사용했던 마구들이 다수 출토되었으며, 이로 미루어볼 때 신라시대에 순장풍습이 있었던 것으로 추측할 수 있다. 특히, 황남대총은 주인공을 안치하는 주곽과 부장품을 넣기 위한 부곽으로 이루어진 주부곽순장묘로 알려지고 있으며, 주곽의 주인공 머리맡이나 발치에 순장자를 매장하는 방식을 채택하고 있다.

⑪ **일반인들의 황남대총에 대한 관람 욕구**

대릉원을 찾은 사람들은 천마총을 관람하고 난 후, 다른 무덤들의 내부 구조와 유물에 대해서도 알고 싶어 한다. 그러나 황남대총은 현재 봉분만이 우뚝 서 있을 뿐이다.

⑫ **황남대총 가상현실 재현과 가상현실 체험하기**

본 영상물과 가상현실은 이러한 궁금증을 풀 수 있는 좋은 안내자가 될 것입니다. 이를 위해 우리는 무덤 내부를 가상현실로 재현하였으며, 출토된 유물 중에서 중요한 것들을 전시하고 있습니다.
여러분은 컴퓨터의 도움을 받아 천마총과 황남대총의 신비를 직접 체험하실 수 있을 것입니다.
자, 그러면 관람객 여러분! 이곳에 설치되어 있는 컴퓨터를 이용해 천마총과 황남대총의 신비를 직접 관람해 보시는 것은 어떨까요?
감사합니다.

본 영상물과 가상현실(Virtual Reality : VR)은 교육인적자원부가 선정한 지방대학 육성사업인 경주대학교의 디콘(DICON) 경주21의 재정지원을 받아 제작된 것입니다.
본 제품의 저작권은 연구책임자와 경주대학교에 있습니다.

연구 책 임 자 신건권 교수
제작협력업체 한 컴 기 술

영상을 통한 경주왕릉 엿보기

① 들어가는 영상

    영상 : 지구→구름→56명의 신라왕들→간략소개 영상

    배경음악 : 조용함→웅장함

그림 2-35 지구의 문화 중심에 있는 신라

신라는 지구의 문화 중심에 있었고, 그 속에서 큰 영향력을 발휘한 민족이었을 뿐만 아니라 찬란한 문화를 꽃피웠음을 강조하기 위한 것이다.

그림 2-36 비밀 속에 있었던 신라역사와 문화

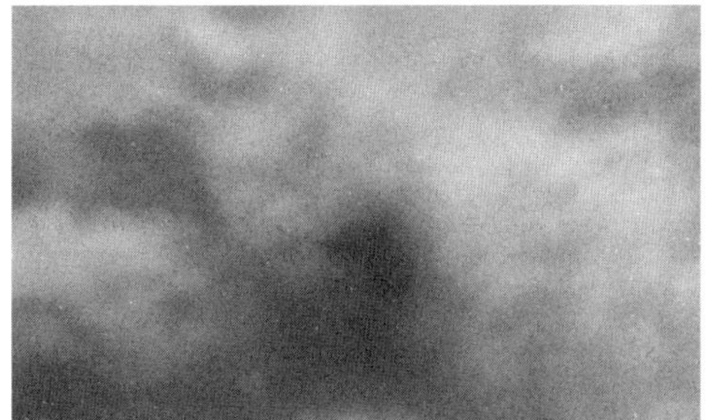

신라 왕릉과 왕들의 자취는 마치 구름 속에 있는 것처럼 감추어져 왔으나, 이제는 그 역사를 새롭게 조명할 시기가 되었다.

그림 2-37 점점 밝혀지는 신라역사와 문화

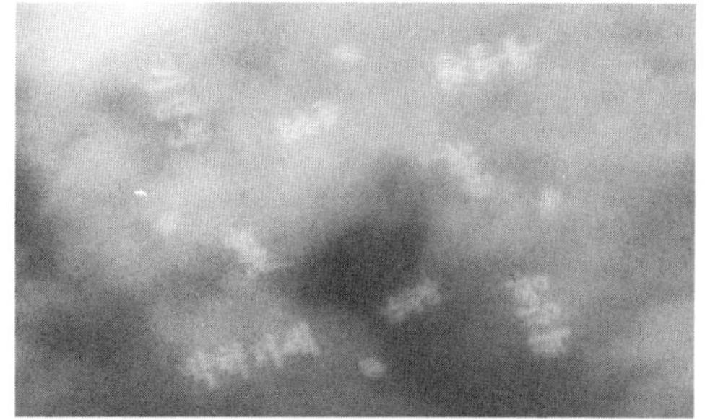

신라는 약 천년의 역사 속에서 여러 왕들이 흥망성쇠를 거듭하는 과정에서 찬란한 문화를 꽃피워 왔었다. 점점 비상하고 발전하는 신라왕조의 모습을 표현한 것이다.

그림 2-38 문무왕의 삼국통일

문무왕은 김유신 장군의 도움을 받아 삼국통일의 위업을 달성했다.

그림 2-39 선덕여왕의 첨성대 축조 : 비상하는 신라

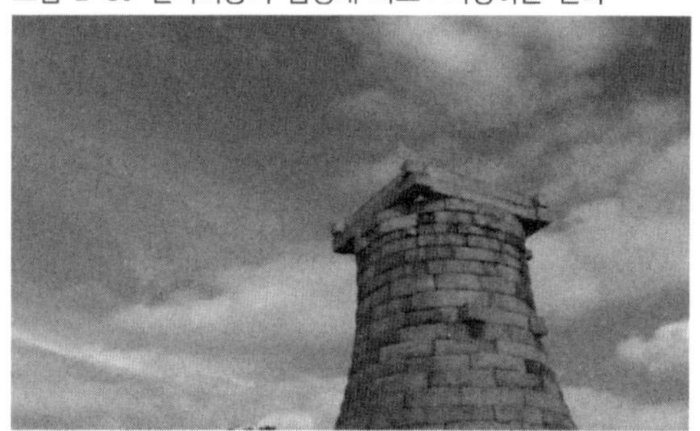

첨성대의 축조는 보다 높이, 그리고 보다 멀리 비상하고자 하는 신라인들의 기개를 잘 보여준다.

그림 2-40 현대인과 함께 공존하는 왕릉문화

대릉원 왕릉을 통해 찬란했던 신라문화를 조명하겠다는 암시적인 의미를 나타내고 있다.

그림 2-41 천마총에서 발굴된 천마도 말다래

이제 하늘을 나는 천마(天馬)가 현대에 다시 살아나서 새로운 새천년의 역사를 쓰기를 기원한다.

그림 2-42 대릉원 황남대총의 목곽 축조 재현

천여 년 이상을 봉토 속에 덮어져 있어서 알 수 없었던 거대한 무덤 속의 찬란한 문화를 가상현실 기술을 통해서 복원시킬 것을 암시해 주고 있다.

그림 2-43 대릉원 가상현실 황남대총의 비밀

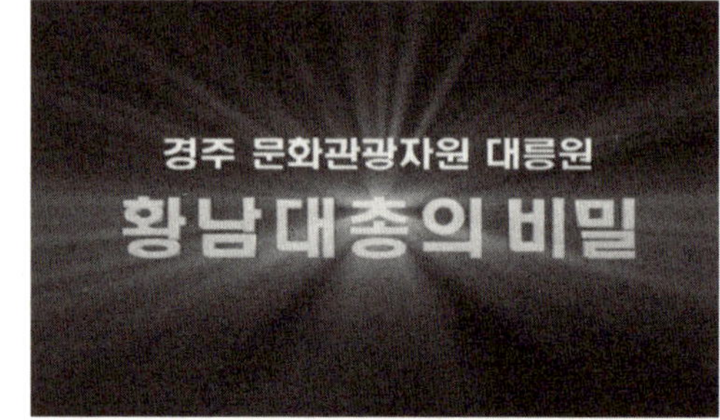

천년 이상을 베일 속에 있었고, 1970년대에 와서 비로소 정체를 드러냈던 대릉원의 황남대총! 그러나 현재는 봉토만이 덮어져 있을 뿐 그 유물을 보기는 어렵게 되었다. 가상현실은 이러한 어려움을 해소해 줄 수 있을 것이다.

경주나정의 박혁거세 탄강전설

경주나정(사적 제245호)은 경주시 탑동(塔洞)에 있는 신라의 시조 박혁거세(朴赫居世)의 탄강전설(誕降傳說)이 깃들어 있는 우물이다. 『삼국유사』에 이 우물에 관한 기록이 있다. 전한(前漢) 지절(地節) 1년(69년) 3월 초하룻날 6촌(村)의 촌장들이 알천(閼川) 옆 언덕에 올라 6촌을 다스릴 군주를 선출하고 도읍을 정하자고 하였는데, 이때 나정 근처에 이상한 빛이 하늘로부터 드리워 있고 그 빛 속에서 흰 말 한 마리가 무릎을 꿇고 경배하는 듯한 자세로 있었다. 신기하게 여긴 촌장들이 그곳으로 찾아가 보니 말은 사라지고 불그

② 도입 1 : 신라건국과 왕조 역사

서라벌은 기름지고 풍요로운 땅이었다. 이 곳에는 여섯 마을이 촌장을 중심으로 평화롭게 살고 있었다. 박혁거세가 13세에 제1대 신라왕에 즉위한 후 제56대 경순왕까지 992년 동안 총 56명이 왕위에 올랐다.

박혁거세가 '서라벌'이라는 이름으로 나라를 세운 후, 기림이사금왕 때인 307년에 국호를 '신라'로 개칭하였으며, 선덕여왕은 첨성대를 건립한다. 문무왕은 김유신 장군의 도움을 받아 고구려를 징벌한 후 당나라를 몰아냄으로써 드디어 삼국통일의 위업을 달성한다. 경애왕은 포석정에서 연회를 하다가 후백제 초대 왕인 견훤의 습격을 받자 자살한다. 신라 마지막 왕인 경순왕은 견훤에 의하여 왕위에 올랐으나 935년에 고려 왕건에게 항복하였으며, 이로 이해 신라왕국은 소멸한다.

그림 2-44 경주나정 앞의 풍요로운 들녘

신라 제1대 왕인 박혁거세가 알에서 태어났다는 탄강전설(誕降傳說)이 깃들어 있는 우물인 경주나정(사적 제245호) 앞의 기름지고 풍요로운 땅이다.

그림 2-45 경주나정 옆에 위치하고 있는 양산제

양산제는 신라 건국 이전 경주 일원의 6촌장을 모신 사당이다.

스름한 큰 알이 있을 뿐이었다. 사람들이 알을 깨자, 그 안에서 단정하게 생긴 어린 사내아이가 나왔다. 아이를 동천(東川)에서 목욕시키는 동안 새와 짐승이 어울려 놀고 천지가 진동하여 일월(日月)이 청명(淸明)해지므로, 세상을 밝게 한다는 의미의 혁거세(赫居世)로 이름을 짓고 알 모양이 박처럼 생겼으므로 성을 박(朴)이라 하였다. 같은 날 알영정(閼英井)에 나타난 계룡(鷄龍)의 왼쪽 옆구리에서 태어난 여자아이 알영(閼英)과 짝지어 남산 서쪽 기슭에 궁을 마련하고 봉양하였다. 나이 13세 되던 오봉(五鳳) 1년에 왕과 왕후로 삼고 국호를 서라벌(徐羅伐)이라 하였다.

그림 2-46 선덕여왕의 첨성대 축조

첨성대는 국보 제31호로 천체의 움직임을 관찰하던 천문대로 추정되며, 선덕여왕(재위 632~647년) 때 건립된 것으로 추측된다.

그림 2-47 문무왕의 삼국통일 위업 달성(문무대왕릉)

문무왕은 김유신 장군의 도움을 받아 고구려를 징벌한 후 당나라를 몰아냄으로써 드디어 삼국통일의 위업을 달성한다.

그림 2-48 삼국통일 대업을 도운 김유신 장군(동상)

신라 김유신 장군(595~673년)은 668년(문무왕 8년)에 고구려를 멸망시킴으로써 삼국통일의 대업을 완성하였다. 문무왕은 그의 공적을 치하하여 태대각간(太大角干)이라는 작위를 주었고, 사후에는 흥무대왕(興武大王)으로 추봉했다.

그림 2-49 신라 마지막 왕인 경순왕(포석정)

신라 마지막 왕인 경순왕은 견훤에 의하여 왕위에 올랐으나 935년에 고려 왕건에게 항복하였으며, 이로 인해 신라왕국은 소멸한다.

③ 도입 2 : 신라인의 숨결

   그리고 오늘, 신라건국 후 천년, 그 역사의 숨결이 숨쉬는 이곳에서 시간과 공간을 초월하여 옛 신라의 숨결을 다시 느껴본다.

그림 2-50 현대의 경주와 거대한 고분군 대릉원의 모습

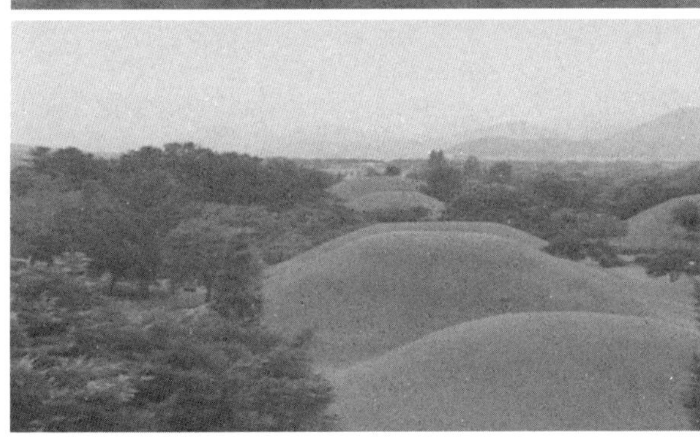

오늘날의 경주의 모습이다. 경주에는 역사와 현재가 공존하고 있는 도시이다. 역사의 숨결이 숨쉬는 이 곳 경주에서 시간과 공간을 초월하여 옛 신라의 숨결을 느껴본다.

④ 도입 3 : 되살아나는 새천년의 꿈과 미소

　신라인들의 꿈과 생각이, 긴 세월 동안 무덤 속에 묻혀져 있다가 이곳 경주 서라벌 땅에 지금! 새천년의 꿈과 미소로 다시 살아나고 있었다.

　김유신 장군이 힘차게 달렸고,

　신라의 여러 군왕들이 영화를 누렸던,

　그리고 선조들의 숨결이 물씬 느껴지는 이곳!

　경주시 황남동 고분군!

그림 2-51 새천년의 꿈과 미소로 되살아나는 경주 서라벌 땅

시내 지역에 수많은 고분군이 밀집해 있는 모습들이 보인다. 이제는 긴 세월 동안 무덤 속에 묻혀져 있다가 이곳 경주 서라벌 땅에 지금 새천년의 꿈과 미소로 다시 살아나고 있다.

⑤ 도입 4 : 대릉원과 천마총 소개

경주 시내를 멀리서 바라볼 때 가장 눈에 띄는 것은 집들 사이에 원형으로 우뚝우뚝 솟아 있는 거대한 무덤들이다. 그 중 대릉원이라 불리는 황남동 고분군은 천마총, 황남대총 등 30여 기의 거대한 무덤들이 운집해 있는 곳으로, 155호 고분인 천마총은 1973년 발굴 당시, 자작나무 껍질에 하늘을 나는 말이 그려진 말다래가 출토되어 붙여진 이름이며, 높이 12.7m의 비교적 큰 무덤으로, 현재는 생생한 역사교육을 위해 외부는 물론 무덤의 내부 구조와 유물들을 일반인에게 공개하고 있다.

그림 2-52 시내를 멀리서 바라볼 때 가장 눈에 띄는 것은 고분군

시내를 멀리서 바라본 모습이다. 시내 중간에 대릉원이라고 이름 붙여진 고분군이 보인다.

그림 2-53 시내 중간에 우뚝 솟아 있는 거대한 고분군들(대릉원)

경주 시내를 하늘에서 바라본 모습이다.

그림 2-54 대릉원 안에 있는 천마총

경주 고분 중에서 유일하게 내부가 공개되어 있는 천마총이다.

그림 2-55 대릉원 안에 있는 황남대총

대릉원 안에 있는 황남대총을 멀리서 바라본 모습이다. 이 무덤은 초대형 표형분(쌍분)으로 발굴이 완료되었고, 현재는 봉분만이 쌓여져 있다. 출토된 유물은 국립경주박물관 등에 전시되어 있다.

그림 2-56 거대한 고분들이 밀집해 있는 경주시 황남동 고분군

대릉원 안에는 누구의 무덤인지 알 수 없는 거대한 수십 기의 고분들이 자리하고 있다.

그림 2-57 일반인들에게 내부가 공개되고 있는 천마총

대릉원을 방문하면 누구든지 천마총 내부를 관람할 수 있다.

그림 2-58 시신을 안치했던 목곽 안 전시 모습

천마총 내부에 전시되어 있는 시신을 안치했던 목곽 모습이다.

그림 2-59 천마총에서 발굴된 유물 소개 : 천마도 말다래

천마총에서 발굴된 천마도 말다래이다. 말다래란 말을 탄 사람의 옷에 흙이 튀지 않도록 말안장 양쪽에 늘어뜨린 기구를 말한다.

그림 2-60 천마총에서 발굴된 유물 소개 : 곡옥 및 반지

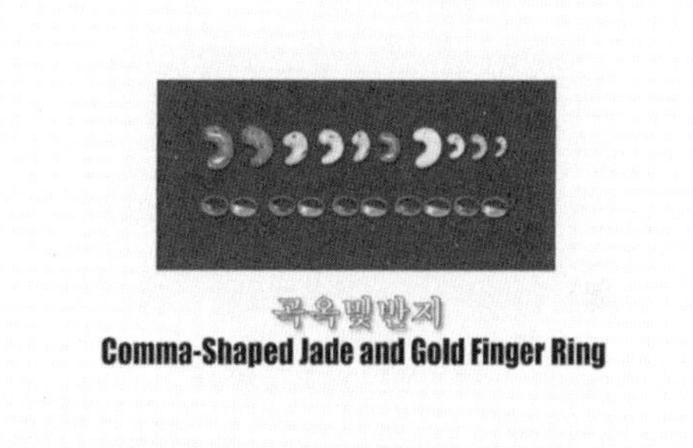

곡옥(曲玉)은 옥으로 만든 장신구로, 금관 등에 장식으로 사용되었다. 금관에는 곡옥이 없는 것이 일반적이지만 천마총 금관에는 수십 개의 곡옥이 달려 있었다.

그림 2-61 천마총에서 발굴된 유물 소개 : 귀고리 및 팔찌

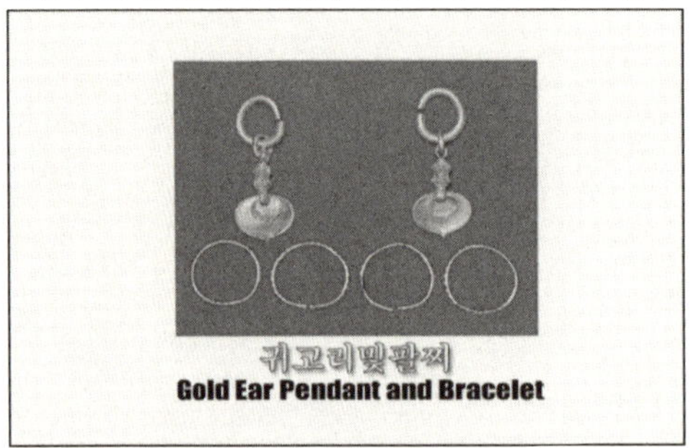

여인들이 사용했던 귀고리와 팔찌다.

그림 2-62 천마총에서 발굴된 유물 소개 : 금관

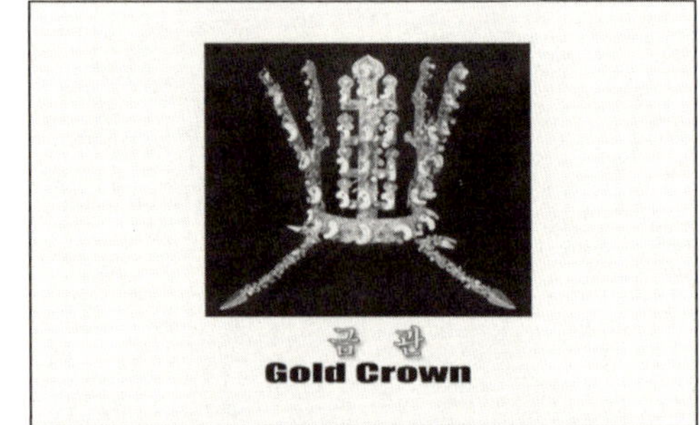

신라는 황금의 나라로 알려지고 있으며 왕릉에서는 화려한 금관이 출토되었다.

그림 2-63 천마총에서 발굴된 유물 소개 : 금동제소합

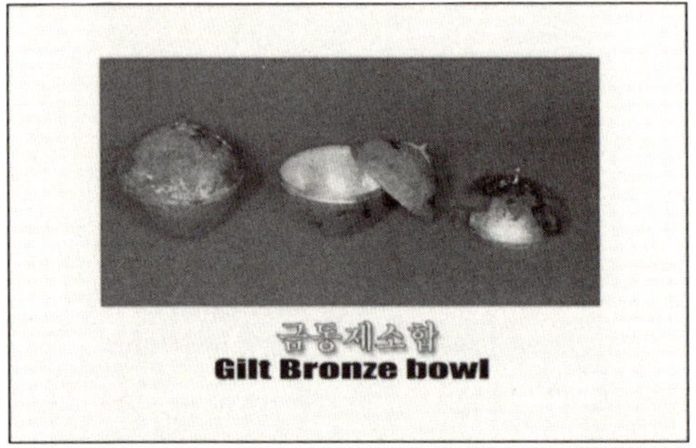

금동제소합은 금동으로 만든 속이 깊은 대접 모양의 몸체에 반구형의 뚜껑이 있는 그릇으로, 음식을 담는 용도로 사용되었다.

그림 2-64 천마총에서 발굴된 유물 소개 : 금제모자

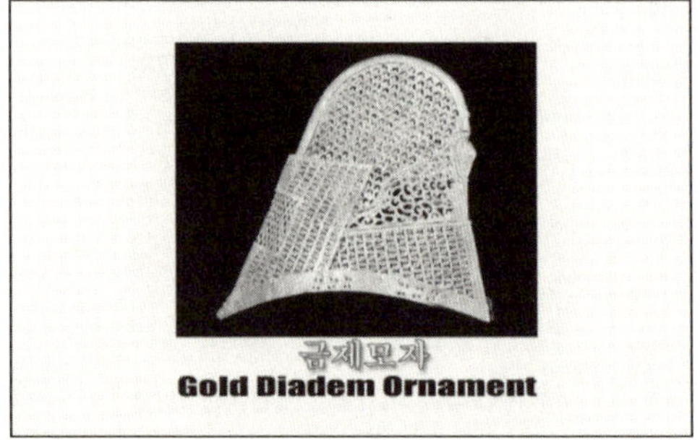

금제모자는 금제로 된 모자이다.

그림 2-65 천마총에서 발굴된 유물 소개 : 나비모양관장식

나비모양관장식은 왕관에 사용되는 나비모양 장식이다.

그림 2-66 천마총에서 발굴된 유물 소개 : 금제허리띠

금제허리띠는 허리에 차는 띠이다.

그림 2-67 천마총에서 발굴된 유물 소개 : 새날개모양관장식

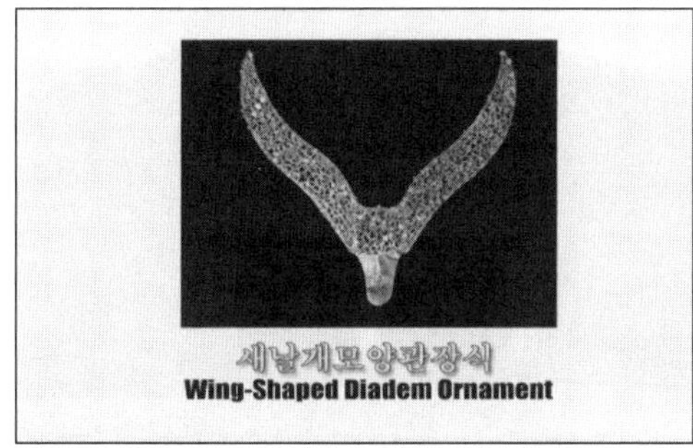

새날개모양관장식은 왕관에 사용되는 새날개모양 장식이다.

⑥ 도입 4 : 황남대총 가상현실 제작 필요성

그러나 천마총 옆에 위치하고 있는 황남대총은, 그 봉토의 높이만도 천마총의 약 2배에 달하는 국내 최대 규모의 무덤이다. 1973년부터 1975년까지 발굴을 실시하였으며, 출토된 유물을 모두 박물관으로 보내 전시하고 있어, 현재는 봉분만이 쌓여져 있는 상태이다.

우리는 가상현실 기술을 이용해, 현재는 공개되어 있지 않은 황남대총의 내부 구조와 축조과정을 재현하고, 이를 통해 신라시대의 무덤 축조기술과 생각들을 엿보고자 한다.

그림 2-68 황남대총 소개 화면

황남대총은 그 봉토의 높이만도 천마총의 약 2배에 달하는 국내 최대 규모의 무덤이다.

그림 2-69 황남대총의 발굴 모습

1973년부터 1975년까지 황남대총에 대한 발굴 작업이 이루어졌다. 출토된 유물을 박물관으로 보내 현재는 봉분만이 쌓여져 있는 상태이다. 따라서 이곳을 방문한 사람들은 무덤의 외관만을 관람할 수밖에 없다.

그림 2-70 황남대총 가상현실 제작의 필요성

우리는 가상현실 기술을 이용해 황남대총의 내부 구조와 축조과정을 재현할 필요가 있다. 이렇게 되면 컴퓨터를 이용해서 황남대총의 신비를 체험할 수 있게 될 것이다.

⑦ 황남대총 소개

대릉원의 30여 기 고분 중에서도 봉분의 크기가 가장 큰 황남대총은 98호 고분으로, 부부 합장의 쌍분이다.

동서의 바닥 길이가 80m, 남북의 길이가 120m, 높이가 23m에 이르는, 국내에서 확인된 최대 규모의 무덤으로 낙타 등처럼 굴곡을 이루며 남쪽 무덤과 북쪽 무덤으로 잇대어 축조되어 있다.

그림 2-71 황남대총을 멀리서 바라본 모습

대릉원의 30여 기 고분 중에서도 봉분의 크기가 가장 큰 황남대총은 98호 고분으로, 부부 합장의 쌍분이다.

그림 2-72 황남대총의 크기

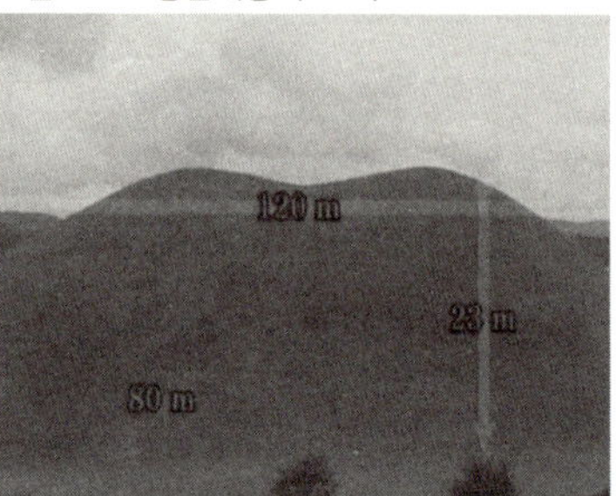

황남대총은 동서의 바닥 길이가 80m, 남북의 길이가 120m, 높이가 23m에 이르는, 국내에서 확인된 최대 규모의 무덤으로 낙타 등처럼 굴곡을 이루며 남쪽 무덤과 북쪽 무덤으로 잇대어 축조되어 있다.

⑧ 황남대총 출토 유물 소개

북쪽무덤에서는 금관과 '부인대'라는 글씨가 새겨진 은팔찌 등 35,460점이 매장되어 있었고, 남쪽 무덤에서는 금동관과 무기류, 남자의 뼈 등 22,793점의 유물이 출토되었다.

자, 그러면 무덤에서 출토된 대표적인 유물들을 함께 살펴보도록 하자.

그림 2-73 황남대총에서 출토된 유물의 수

출토된 대표적 유물들은 무덤 속에서 하나씩 튀어나오는 방식으로 소개된다.

그림 2-74 황남대총에서 발굴된 유물 소개 : 금관

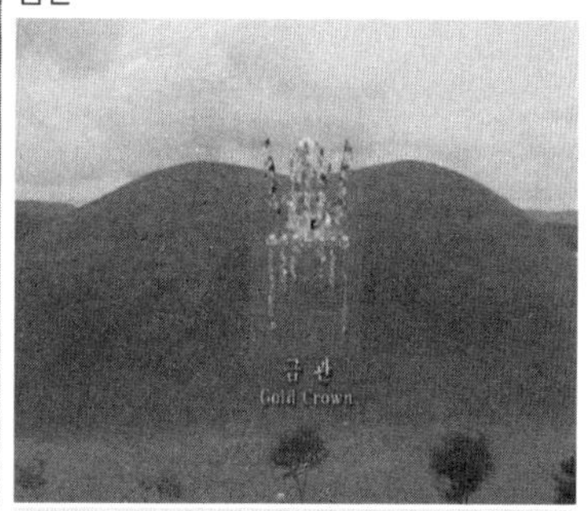

화려한 모양의 금관이다.

그림 2-75 황남대총에서 발굴된 유물 소개 : 금동제식리

금동으로 만든 신발이다. 이는 평소에 왕이 신기 위한 것이 아니라 이승을 떠난 사람을 위해 특별히 제작된 것으로 보아야 한다. 왜냐하면 실제 발의 크기보다도 신발이 훨씬 크게 제작되었기 때문이다.

그림 2-76 황남대총에서 발굴된 유물 소개 : 금제고배

금제고배는 뚜껑 없는 굽다리 접시로, 제기용으로 사용된다.

그림 2-77 황남대총에서 발굴된 유물 소개 : 금제조익형관식

금제조익형관식은 새가 날개를 활짝 펴고 있는 모습을 도안화한 관식으로 관모의 전면에 장식하는 것이다.

그림 2-78 황남대총에서 발굴된 유물 소개 : 금팔찌

금팔찌는 팔에 차는 찌이다.

그림 2-79 황남대총에서 발굴된 유물 소개 : 금제과대 및 요패

금제과대는 직물로 된 띠의 표면에 금속판을 붙여 만든 허리띠이며, 요패는 허리띠에 늘어뜨린 장식품을 말한다.

그림 2-80 황남대총에서 발굴된 유물 소개 : 채화방추자형석기

채화방추자형석기는 채화방 모양으로 색깔이 입혀진 석기이다.

그림 2-81 황남대총에서 발굴된 유물 소개 : 은제관모

은제관모는 은으로 만든 고깔 모양의 관 같은 모자로, 머리를 보호하고 장식하거나 신분이나 의례에 따라 격식을 갖추기 위해 썼다.

그림 2-82 황남대총에서 발굴된 유물 소개 : 타출문은잔

타출문은잔은 타출 무늬를 가진 은잔이다.

그림 2-83 황남대총에서 발굴된 유물 소개 : 은제경갑

은제경갑은 무구(武具)의 일종으로, 윗부분 장폭 18cm로 무릎과 정강이를 보호하기 위한 갑주의 일부분이다.

그림 2-84 황남대총에서 발굴된 유물 소개 : 금은장환두대도

금은장환두대도는 금과 은으로 만든 자루 끝에 고리 모양의 장식이 달린 칼이다.

그림 2-85 황남대총에서 발굴된 유물 소개 : 투조금동판피옥충안교장식구

투조금동판피옥충안교장식구는 말갖춤(馬具)의 하나인 말안장틀 장식이다.

그림 2-86 황남대총에서 발굴된 유물 소개 : 흑갈유자기소병

흑갈유자기소병은 흑갈색의 작은 유자기 병이다.

그림 2-87 황남대총에서 발굴된 유물 소개 : 목심흑칠안교

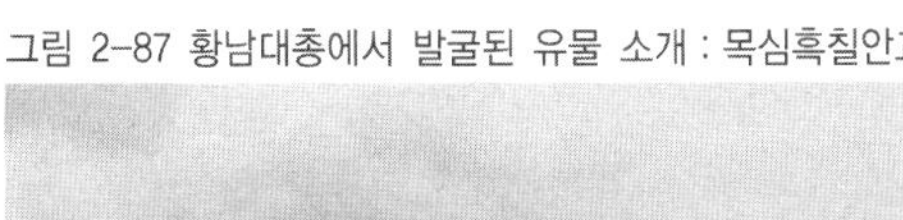

목심흑칠안교는 목심에 금동판을 씌운 말 안장틀이다.

그림 2-88 황남대총에서 발굴된 유물 소개 : 흉식

흉식은 가슴에 다는 유리 장식으로, 전면과 후면은 물론 어깨 위에도 별도의 장식이 있다.

그림 2-89 황남대총에서 발굴된 유물 소개 : 봉수형유리병

봉수형유리병은 연한 녹색의 몸통이 타원형을 이루고 있는 유리병이다.

그림 2-90 황남대총에서 발굴된 유물 소개 : 청동경

청동경은 청동으로 만든 거울이다.

⑨ 황남대총 축조과정

그러면 황남대총의 축조과정을 알아보기로 할까요?

- 주곽을 만들기 위해 갈색 점토로 다진 바닥 면에 돌을 깝니다.
- 그런 다음 순차적으로 목곽을 축조합니다.
- 목곽 내외부 측벽 안에는 자갈을 넣어 채워 넣습니다.
- 시신은 위에서 아래로 내려놓은 방식으로 안치합니다.
- 부곽은 4개 기둥을 세운 후 목곽을 만듭니다.
- 외부에 적석을 쌓기 전에 지지대를 세우고 돌을 쌓아 올립니다.
- 마지막으로 여러 종류의 흙을 봉토하여 무덤을 완성합니다.

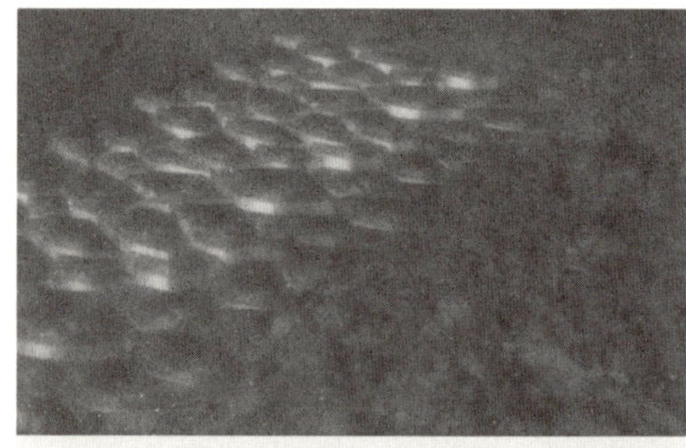

그림 2-91 황남대총의 축조과정 1

주곽을 만들기 위해 갈색 점토로 다진 바닥 면에 돌을 깐다.

그림 2-92 황남대총의 축조과정 2

그런 다음 순차적으로 목곽을 축조한다.

그림 2-93 황남대총의 축조과정 3

목곽 내외부 측벽 안에는 자갈을 넣어 채워 넣는다.

그림 2-94 황남대총의 축조과정 4

시신은 위에서 아래로 내려놓는 방식으로 안치한다.

그림 2-95 황남대총의 축조과정 5

부곽은 4개 기둥을 세운 후 목곽을 만든다.

그림 2-96 황남대총의 축조과정 6

외부에 적석을 쌓기 전에 지지대를 세우고 돌을 쌓아 올린다.

그림 2-97 황남대총의 축조과정 7

마지막으로 여러 종류의 흙을 봉토하여 무덤을 완성한다.

⑩ 신라인의 내세관과 순장 풍습

예로부터 많은 사람들은 사후세계가 있다고 믿으며, 현재의 삶이 다음 세계로 이어진다는 생각을 가지고 있다. 이러한 생각은 순장풍습으로 나타난다.

황남대총에서는 순장자의 유골과, 말들이 사용했던 마구들이 다수 출토되었으며, 이로 미루어볼 때 신라시대에 순장풍습이 있었던 것으로 추측할 수 있다. 특히, 황남대총은 주인공을 안치하는 주곽과 부장품을 넣기 위한 부곽으로 이루어진 주부곽순장묘로 알려지고 있으며, 주곽의 주인공 머리맡이나 발치에 순장자를 매장하는 방식을 채택하고 있다.

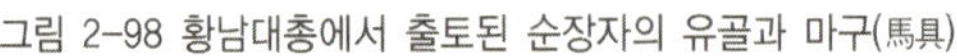

그림 2-98 황남대총에서 출토된 순장자의 유골과 마구(馬具)

황남대총에서는 순장자의 유골과 마구가 다수 출토되었다.

그림 2-99 신라인들의 순장 풍습

황남대총에서는 주인공을 안치하는 주곽과 부장품을 넣기 위한 부곽으로 이루어진 주부곽순장묘로 알려지고 있다.

그림 2-100 산 채로 순장자를 매장하는 순장제도

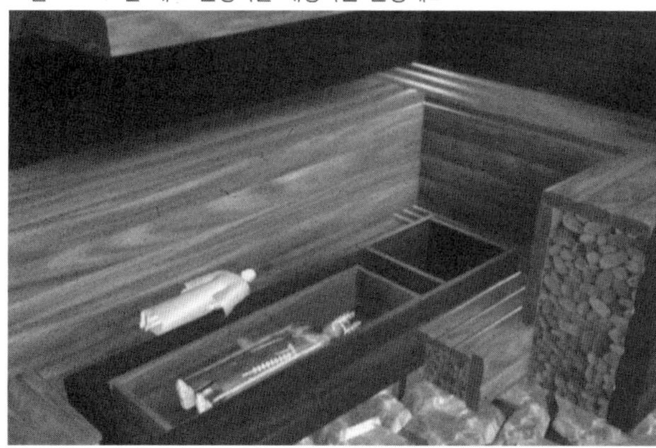

순장자는 주곽의 주인공 머리맡이나 발치에 매장하는 방식을 채택하고 있다.

⑪ 일반인들의 황남대총에 대한 관람 욕구

　　대릉원을 찾은 사람들은 천마총을 관람하고 난 후, 다른 무덤들의 내부 구조와 유물에 대해서도 알고 싶어한다. 그러나 황남대총은 현재 봉분만이 우뚝 서 있을 뿐이다.

그림 2-101 천마총을 관람하는 사람들

대릉원을 찾은 사람들은 천마총을 관람하고 난 후, 다른 무덤들의 내부 구조와 유물에 대해서도 알고 싶어한다.

그림 2-102 일반인들의 황남대총에 대한 관람 욕구

관람객들은 우뚝 솟아 있는 황남대총을 바라보면서 저 무덤은 어떤 구조를 가지고 있었으며, 그 속에서는 어떤 유물들이 출토되었을까? 하는 궁금증을 갖게 된다.

⑫ 황남대총 가상현실 재현과 가상현실 체험하기

본 영상물(제2장)과 가상현실(제4장)은 이러한 궁금증을 풀 수 있는 좋은 안내자가 될 것입니다. 이를 위해 우리는 무덤 내부를 가상현실로 재현하였으며, 출토된 유물 중에서 중요한 것들을 전시하고 있습니다.

여러분은 컴퓨터의 도움을 받아 천마총과 황남대총의 신비를 직접 체험하실 수 있을 것입니다.

자, 그러면 관람객 여러분! 이곳에 설치되어 있는 컴퓨터를 이용해 천마총과 황남대총의 신비를 직접 관람해 보시는 것은 어떨까요?

그림 2-103 대릉원 가상현실관 천마총 입구

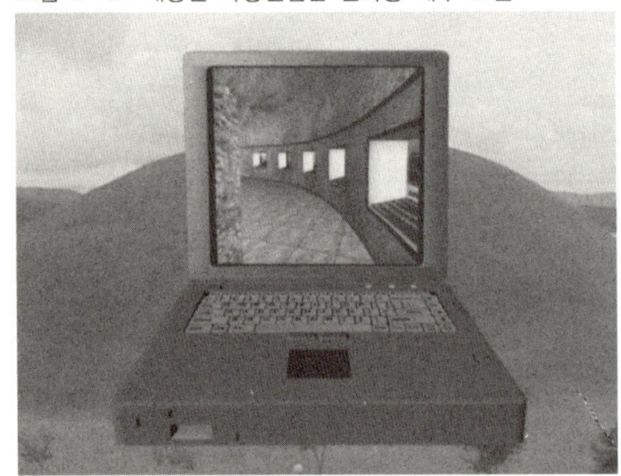

그림 2-104 대릉원 가상현실관 천마총 내부 모습

그림 2-105 대릉원 가상현실관 황남대총 입구

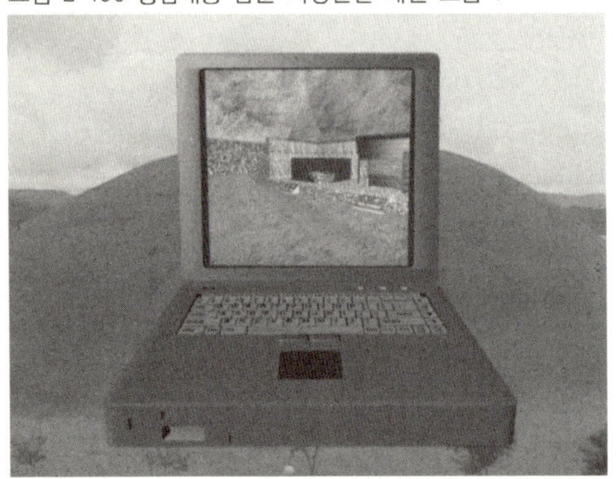

그림 2-106 황남대총 남분 가상현실 재현 모습 1

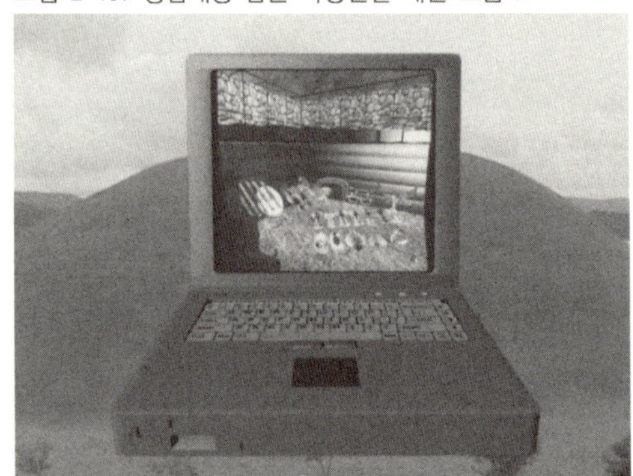

그림 2-107 황남대총 남분 가상현실 재현 모습 2

그림 2-108 황남대총 남분 가상현실 재현 모습 3

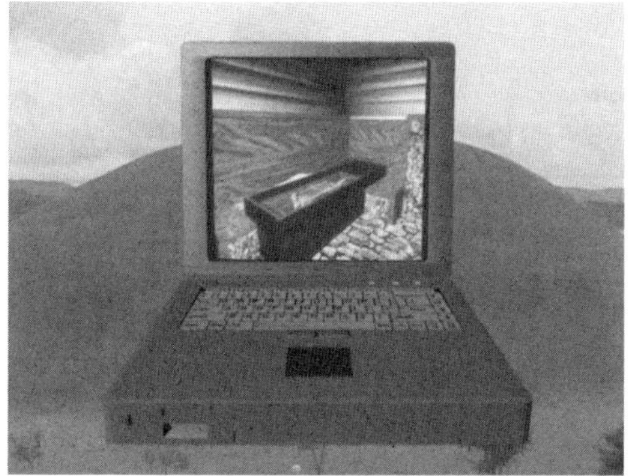

그림 2-109 황남대총 북분 가상현실 재현 모습 1

그림 2-110 황남대총 북분 가상현실 재현 모습 2

그림 2-111 대릉원 가상현실관 마지막 종료 화면

가상현실 체험에 대한 호기심과 궁금증이 있다면 제4장의 대릉원 가상현실관에서 만납시다.

3. 놀랍고 신비로운 황남대총의 세계

황남대총은 그 동안 일반인들에게 잘 알려져 있지 않은 무덤이다. 본서를 통해서 여러분은 왜 황남대총이 놀랍고 신비로운 무덤인지를 조금이나마 이해하게 될 것으로 확신한다.

천년 고도 경주의 시내 한가운데 위치하고 있는 황남대총의 봉분을 처음 본 사람들은 먼저 그 웅대함을 보고 놀란다. 그런데 황남대총의 구조와 출토된 유물의 종수(種數)와 화려함, 정교함 그리고 높은 문화재적 가치를 알게 되면 더욱 경외감에 빠지게 된다.

도대체 황남대총의 내부 구조는 어떻게 축조되었을까? 그리고 무덤에서는 어떠한 유물들이 출토되었을까? 본 장에서는 이러한 여러분의 의문들에 대한 확실한 해답을 제시할 수 있을 것이다.

황남대총은 경주시 황남동 대릉원 안에 위치하고 있는 표형분(쌍분)으로 낙타 등처럼 굴곡을 이루며 남쪽 무덤과 북쪽 무덤으로 잇대어 축조되어 있다.

황남대총은 동서의 바닥 길이가 80m, 남북의 길이가 120m, 높이가 23m에 이르는 국내에서 확인된 고분 중 최대 규모이며, 내부 구조는 돌무지덧널무덤(적석목곽분)이다. 이 무덤은 일제강점기(日帝强占期 : 1910~1945년 한국이 일본제국주의에 의해 강제로 통치 받던 시기) 이후 발굴조사 전까지 황남동 제98호분으로 불려져 왔으나, 1973년부터 1975년까지 경주관광종합계획의 일환으로 발굴조사를 실시한 후 '황남대총'으로 명명되었다. 발굴을 통해 남분(무덤의 남쪽 부분 : 왕비의 무덤으로 추정)이 먼저 축조되고 북분(무덤의 북쪽 부분 : 왕의 무덤으로 추정)이 이후에 덧붙여 축조된 것으로 조사되었다. 또한 양 무덤에 대한 발굴 결과 당시의 생활상에 대한 이해를 높여줄 수 있는 수많은 유물들이 출토되었다.

(1) 황남대총의 구조

❶ 황남대총은 왜 그렇게 높이 쌓았고 거대하게 만들었을까?

〈그림 3-1〉은 축구장을 멀리서 바라본 모습과 오늘날의 현대적인 아파트이다. 왜 갑자기 황남대총을 설명하면서 이러한 사진을 이곳에 배치하였을까 하는 의문이 들 것이다. 황남대총은 경주에서 축조된 고대 고분 중에서도 그 크기가 가장 큰 것으로 알려지고 있다. 대릉원 안에 있는 황남대총 봉분을 직접 관람해 본 사람들도 그 크기가 크지만 과연 어느 정도일까에 대한 감이 잘 잡히지 않을 것이라고 추측된다.

축구장은 일반적으로 직사각형이고 길이는 90〜120m, 폭은 45〜90m이다. 그런데 황남대총은 〈그림 3-2〉에 제시된 것처럼 동서의 바닥 길이가 80m, 남북의 길이가 120m, 높이가 23m에 이른다. 축구장의 최대 길이가 120m인데 황남대총 봉분의 남북 길이가 120m이니 얼마나 큰 무덤인지 상상이 갈 것이다. 또한, 황남대총의 높이가 어느 정도일까를 생각해 보기 위해서는 오늘날의 아파트 높이와 견주어 보면 쉽게 이해가 된다. 아파트 한 층의 높이를 2.3m로 잡는다면 황남대총의 높이가 23m이므로 아파트 10층 높이에 해당한다고 볼 수 있다.

'문화재관리국 발굴조사단'은 황남대총 남분과 북분의 축조에는 각각 총 인원 36,285명과 37,000명이 소요되었을 것으로 추정하였다. 또한 북분은 하루 300명을 동원한 경우 축조 기간이 약 121일이 걸렸으며, 남분은 하루 200명이 투입되었을 경우 약 185일이 걸렸을 것으로 추정하였다. 그런데 황남대총은 왜 그렇게 많은 인력을 동원하여 높이 쌓았고 거대하게 만들

그림 3-1 축구장의 크기와 아파트의 높이

그림 3-2 황남대총의 크기

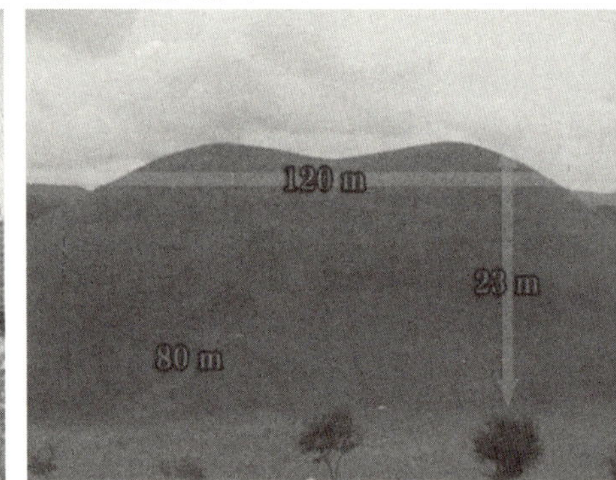

었을까?

경주 시내의 거대한 무덤들은 신라건국 초기부터 만들어진 것은 아니다. 경주 시내에 대형 무덤들이 축조된 것은 대체로 5세기경부터라고 알려져 있다. 이 시기부터는 이전까지의 나지막한 소형 무덤들이 점차 대형화되기 시작하였고, 많은 부장품을 매장하게 되었다. 왜 이와 같은 갑작스런 변화가 일어났을까?

신라는 4세기 후반에 이르러 낙동강 하류 서편 가야 소국들을 제외한 소백산맥 이남 지역의 작은 나라들을 병합하는 데 성공한다. 점점 신흥 강국으로 부상한 신라는 자국의 높아진 위상을 과시하고, 감시와 통제를 위해서 복속민들(정복당한 사람들)을 대규모 왕릉 축조에 동원하게 된다. 이렇게 함으로써 신라인들은 승리자로서의 자긍심을 가질 수 있게 되었고, 동원된 복속민들에게는 자신의 패배를 인정하지 않을 수 없도록 만들었다고 볼 수 있다. 특히 황

표 3-1 황남대총 남분과 북분의 규모 비교

구 분		남 분	북 분
봉 토 부		북분과 남분 동서 길이 80m 남북 길이 120m 북분 높이 23m(남분은 22m)	
적 석 부		동서 27.2m, 남북 19.7m, 높이 4.1m	동서 16.0m, 남북 12.8m, 높이 6.0m
목조가구		동서 23m, 남북 14m	동서 17m, 남북 12m
목곽부	외곽	동서 6.5m, 남북 4.1m, 높이 3.7m	동서 6.8m, 남북 4.6m, 높이 4.0m
	내곽	동서 4.7m, 남북 2.3m, 높이 1.8m	없음
목관부	외관	동서 3.6m, 남북 1.0m, 높이 0.8m	동서 3.3m, 남북 0.8m, 높이 약 0.8m
	내관	동서 2.2m, 남북 0.7m, 높이 ?	동서 2.2m, 남북 0.7m, 높이 ?
부 곽		동서 5.2m, 남북 3.8m, 높이 1.3m	없음

남대총이 크게 조성된 것은 주인공(내물왕 추정)의 업적과 정치적 경쟁집단(석씨, 실성왕계 김씨)에 대한 우월적 차별화로 이해할 수 있다. 또한 피장자의 자손들이 그 가계(家系)의 위상을 특별히 과시할 목적으로 기왕에 조성된 최초 단일 무덤에 잇대어서 쌍분으로 조성하게 된 것으로 생각된다.

그러나 6세기 전반부터 신라는 영토 확장정책에 따라 보다 큰 군대를 필요로 하게 되었고, 이로 인해 경주 이외의 지방민과 복속민들을 동원하여 무덤을 축조하는 것보다는 군사로 활용하게 되었다. 또한 6세기 말 신라 왕경인 경주는 도시 크기가 점차적으로 팽창되었고 주거 공간이 부족하게 되었다. 이로 인해 왕릉들도 시내의 중심부에서 벗어나 주변 산기슭으로 옮겨가게 되며, 무덤의 크기는 점차 작아지는 양상을 보이게 된다.

❷ 황남대총은 어떠한 구조를 가지고 있었을까?

황남대총은 남분(南墳)과 북분(北墳)의 쌍분으로 된 부부 묘이며, 남분이 먼저 축조되고 북분이 이에 덧붙여 축조되었다. 남분은 부장품수장부와 목관이 안치된 주곽과 유물 부장만을 위해 독립적인 부곽을 지닌 다곽식 구조(多槨式 構造)인 반면, 북분은 목곽 내 부장품수장부와 관이 안치된 단곽식 구조(單槨式)를 가지고 있다.

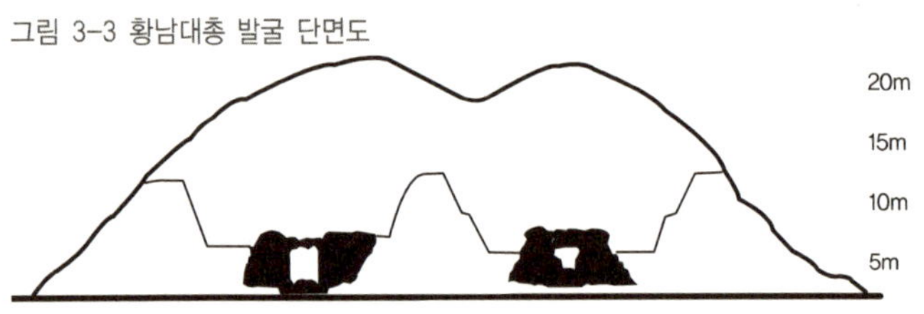

그림 3-3 황남대총 발굴 단면도

황남대총은 제일 아래에 목곽부(木槨部), 목곽 위와 주변에 돌을 쌓은 적석부(積石部), 그리고 적석부 위를 흙으로 덮은 봉토부(封土部)로 이루어져 있다.

봉토부의 구조

황남대총의 봉토는 먼저, 불규칙한 지반 위에 일정 높이까지 적갈색토와 잔자갈을 깔아 다지고 그 위에 다시 점토를 20~30cm 두께로 깔아 무덤의 바닥면을 조성하였다. 그리고 무덤의 바닥면이 조성된 후 그 바닥면 위에 봉토가 성토되면서 외호석이 두께 1.2m, 높이 1.5m 크기로 함께 설치되었다. 다음으로, 바닥면의 조성에 이어서 적석부 상면 이하의 봉토를 축조하고, 목곽부의 매장과 적석부의 개부(蓋部)가 축조된 이후 적석부 상면과 그 주변에 점토를 덮고 그 윗부분의 봉토를 쌓아올린다. 마지막으로, 봉토 표면에 점토층을 덮은 순으로 축조하였다. 북분의 봉토는 남분에 덧대어 축조하였는데 적석부가 축조된 곳은 남분의 봉토를 일부 잘라내었음이 토층상에서 확인되었다.

적석부의 구조

황남대총 남분의 적석부는 봉토 정점부로부터 15.6m 아래에서, 북분의 적석부는 16.5m 아래에서 각각 노출되었다. 이 무덤의 적석부는 먼저 적석부 범위에 거대한 목조가구를 설치하고, 이에 맞추어 냇돌을 쌓아 축조되었다. 냇돌의 크기는 20~30cm의 사람 머리만한 것이 많았지만 직경 50cm가 넘는 큰 돌도 적지 않았다. 목조가구는 버팀목을 포함하여 동서길이 27.2m, 남북너비 19.7m, 높이 4.1m의 단면 사다리꼴로 설치되었다.

적석부의 축조 공정은 목조가구에 맞추어 냇돌을 쌓은 측면부의 축조와 그 위에 다시 주곽쪽에서만 냇돌을 쌓은 개부의 축조로 구분되었다.

목곽부의 구조

황남대총 남분은 주곽과 부곽을 설치하고 있으며, 북분은 부곽을 두지 않은 단곽식 구조를 가지고 있다. 주곽은 다시 〈그림 3-6〉에서 제시된 것처럼 내곽·외곽 이중으로 축조되었으며, 외곽의 크기는 동서 6.5m, 남북 4.1m, 높이는 3.7m인 것으로 밝혀졌다. 내곽과 외곽 사이에는 높이 1.8m까지 4~5cm 크기의 잔자갈이 채워져 있었다.

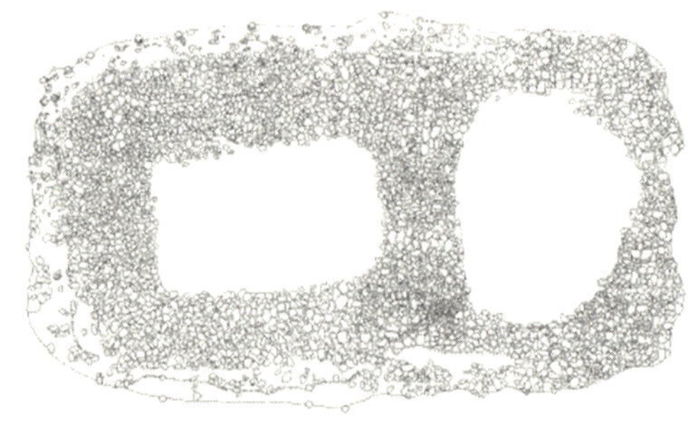

그림 3-4 황남대총 남분의 적석부 단면도

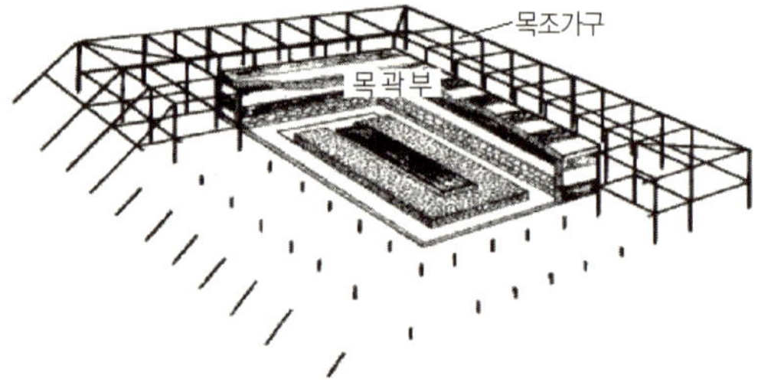

그림 3-5 황남대총 북분의 적석부 목조가구 복원

북분의 목곽은 장축이 동·서이며 서북으로 16도 정도 기울어져 동서 길이 6.8m, 남북 폭 4.6m 크기의 장방형을 띠고 뚜껑이 목재로 짜여졌다. 목곽의 상면에는 목곽의 개폐시설에 사용된 것으로 판단되는 환형철구가 출토되었는데, 역시 남분과 동일한 양상으로 제작된 것으로 보인다.

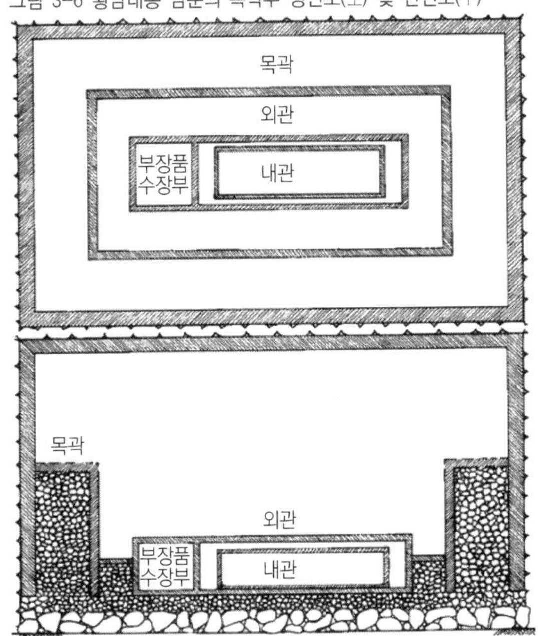

그림 3-6 황남대총 남분의 목곽부 평면도(上) 및 단면도(下)

남분 목곽의 중앙부에는 동서로 길게 큰 외관을 두고 그 내부에는 간벽으로 칸을 나누어 유물을 부장한 부장품수장부와 피장자가 안치된 내관으로 구분되는 이중의 목관구조를 가지고 있었다. 남분의 내관과 목관 사이에는 잔자갈을 약 50cm 높이로 둘러 채워 석단의 형태로 만든 후 그 위에 판재와 같은 목재로 덮었다. 한편, 북분의 목곽 내 목관은 시신이 담긴 목관과 부장품수장부를 함께 마련한 후 간벽을 설치하여 내외의 이중 관을 마련하고 있다.

적석부 내 주곽의 서쪽, 즉 피장자의 발치 쪽에 설치된 부곽은 고분 바닥에 깊이 약 20cm의 얕은 토양을 파고 설치하였다. 부곽의 중앙부에는 직경 30cm 내외, 깊이 25cm 내외의 나무기둥 4개가 발견되었는데 기둥구멍들의 남북 간격은 약 2m였으나 동서 간격은 일치하지 않아 북쪽의 기둥구멍은 동서로 약 1.3m, 남쪽의 기둥구멍은 동서로 약 95cm 떨어져 있었다.

그림 3-7 황남대총 남분 주부곽 출토 전경

사진에서 위 쪽은 부장품과 시신을 안치한 주곽, 아래 쪽은 부장품을 매납한 부곽이다.

그림 3-8 황남대총 남분의 주곽 유물 출토상태

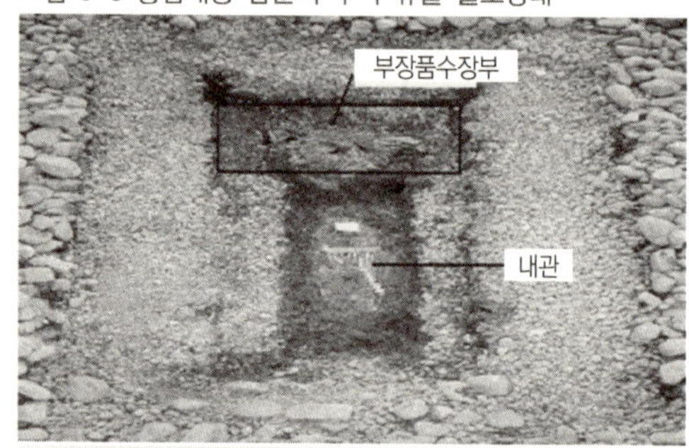

목곽의 외관 안에는 부장품수장부와 시신을 안치한 내관이 있다.

그림 3-9 황남대총 남분의 주곽 내 부장품수장부 출토 전경

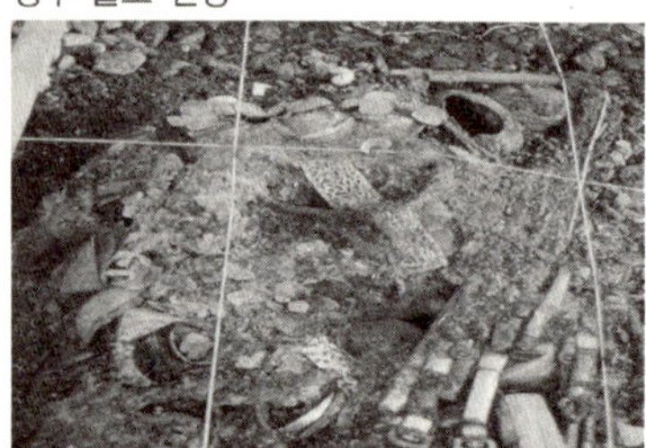

목곽부의 부장품수장부에서 많은 유물들이 출토되었다.

그림 3-10 황남대총 남분의 부곽 출토 전경

남분 부곽 중앙에는 네 개의 기둥이 세워졌다. 표시한 부분은 기둥을 설치했던 자리이다.

그림 3-11 가상현실로 구현한 남분의 주곽(右)과 부곽(左) 모습

남분을 가상현실로 구현한 화면이다. 좌측이 부곽, 우측이 주곽이다.

제17대 내물왕과 왕비 보반부인

신라 제17대 내물왕(奈勿王)은 구도갈문왕의 아들 말구와 휴례부인 김씨 사이에서 태어났다. 말구는 미추왕(신라 제13대 왕)의 동생인데, 유례왕 8년(291년)에 이벌찬에 임명되어 정사를 도왔던 인물이다. 내물왕의 부인은 보반부인 김씨이며, 누구의 딸인지는 분명치 않다. 자녀로는 눌지, 복호, 마사흔 3남을 두었다.

❸ 황남대총의 주인공은 누구일까?

신라의 천년 고도 경주 일대에는 선사시대로부터 통일신라 말까지 여러 시기에 걸치는 수많은 고분들이 즐비하게 늘어서 있다. 이 중에는 고분의 주인공이 알려진 것도 있지만, 대부분은 주인공이 누구인지 전혀 알려지지 않은 경우가 많다. 그렇다면 황남대총의 주인공은 누구일까?

황남대총은 그 규모와 출토된 유물로 보아 왕과 왕비의 무덤에 틀림없으나, 누구의 무덤인지 확실하지 않아 '총(塚)'이라는 이름으로 명명하였다. 그러나 발굴 결과에 대한 고고학계 연구 결과에 의하면 남분은 김씨계의 왕권을 확립한 내물왕의 묘(혹자는 제19대 눌지왕으로 보는 견해도 있음)이고, 북분은 내물왕의 부인인 보반부인 김씨의 묘일 가능성이 높다고 보고 있다(이종선의 『고신라왕릉연구(학연문화사, 2000)』(2) 황남대총쌍분의 심층연구 참조).

그림 3-12 신라 제17대 내물왕 가계도

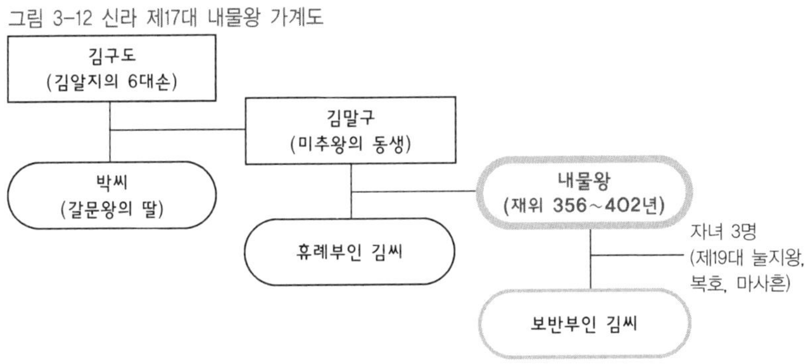

신라의 갈문왕 제도

갈문왕(葛文王)이란 신라시대 왕위를 계승한 왕의 생부(生父)·장인·외조부·동모제(同母弟) 및 여왕의 배우자 등에게 추봉(追封)되던 관직명을 말한다. 『삼국사기』의 기록에 의하면 왕의 장인인 경우는 허루(許婁 : 파사비의 생부)·내음(奈音 : 조분비의 생부)·마제(摩帝 : 기마비의 생부)·충공(忠恭 : 회강비의 생부), 또 생부인 경우는 골정(骨正 : 조분왕의 생부)·세신(世神 : 첨해왕의 생부)·구도(仇道 : 미추왕의 생부)·습보(習寶 : 지증왕의 생부)·입종(立宗 : 진흥왕의 생부)·국반(國飯 : 진덕왕의 생부) 등이 갈문왕으로 추봉되었다. 이 갈문왕의 추봉제도는 신라중기 이후에 실시된 시호(諡號)와 연결되는 것으로 추측되며, 조선시대의 왕의 생부를 대원군이라 한 예와도 공통점이 있다.

❹ 황남대총에 나타난 신라인들의 내세관은 어떠했을까?

경주에는 시내인 평지지역에 거대한 고분들이 즐비하게 축조되어 있다. 조선왕조의 서울이나 고려왕조의 수도였던 개성에서는 시내에 고분이 있는 경우는 거의 없다. 그렇다면 왜 신라의 수도였던 경주지역에는 시내평지에 고분들이 있는 것일까?

신라인들은 사람이 죽은 뒤에 현세에서 누리던 생활을 계속 이어 가고, 살아 있을 때처럼 현세의 일에 강한 영향을 미친다고 믿었다. 화려하고 많은 부장품을 무덤 속에 매장한 것이나, 왕이나 귀족들이 죽었을 때 그의 신하나 종, 또는 마구(馬具) 등을 함께 순장한 것은 이러한 신라인들의 내세관을 잘 표현하고 있는 것이라 볼 수 있다. 신라인들은 생과 사를 분리하지 않았고, 이러한 생각은 사자(死者)의 공간인 무덤을 생자(生者)의 거주 공간 속에 자리 잡는 것을 자연스럽게 만들었다.

신라 왕경인 경주지역에서는 언제까지 이러한 순장제도(殉葬制度)가 존재했을까? 지증왕 3년(502년)에 순장을 금지한다는 기록이 남아 있는 것으로 추정해 보면, 경주지역에서도 6세기 이전까지는 순장 풍습이 있었음을 알 수 있다. 주로 순장이 확인되는 고분은 돌무지덧널무덤 전기 단계에서 황남대총 남분까지만 확인되고 있다.

📃 **순장제도란?**

순장제도(殉葬制度)란 죽은 사람을 위해서 살아 있는 사람이나 동물을 강제로 죽여서 함께 매장하는 장례제도를 말한다. 이는 죽은 뒤에도 살아 있을 때의 삶이 그대로 지속된다는 계세사상(繼世思想)에 따라 행해진 풍습이다. 인간은 선사시대부터 인간에게 사후세계가 있다고 믿어 왔다. 그리하여 현재의 삶이 끝나면 곧 내세(來世)로 들어간다고 믿고 있었다. 따라서 죽음에 대한 생각과 처리절차는 이와 같은 내세관과 연결되어 있다.

사후세계에서도 현재의 생활과 똑같이 물질생활을 계속한다고 믿고서 죽은 뒤에도 자신이 가지고 살던 모든 물품을 가지고 가는 형태로 순장이 나타난 것이다.

그림 3-13 황남대총의 순장자 유골 출토 부분

『삼국사기』는 피순장자와 함께 총 10명의 순장(남녀 각 5명)이 이루어진 것으로 기록하고 있다. 황남대총 남분에서는 실제로 석단 상면에 15~20세 정도의 여자 1인만 순장된 사실이 확인되었다. 그런데 남분 발굴 결과에 의하면 순장자는 8~9명(석단 상면에 2인, 목관 내에 머리부분 2인, 목곽 상부에 4~5인)이었을 가능성도 제기되고 있다. 또한 북분에서도 총 10명(석단 상면에 2인, 목관 내에 머리부분 2인, 목곽 상부에 약 6인) 정도가 순장된 것으로 추산된다.

(2) 황남대총의 출토 유물

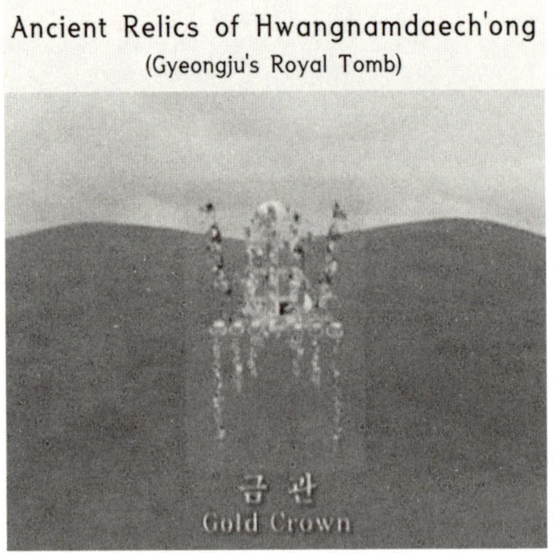

❶ 황남대총에서는 얼마나 많은 유물이 출토되었을까?

    황남대총 남분과 북분에서는 엄청난 양의 유물들이 출토되었다. 남분에서는 22,793점(남분 발굴조사보고서)이, 북분에서는 35,648점(북분 발굴조사보고서)이 출토된 것으로 알려져 왔다 (북분의 출토유물 수로 35,460점으로 영상물과 VR제품에서 제시했으나, 필자의 자료판독 오류 와 남분발굴보고서의 출토유물 수 합계오류로 다소의 차이가 발생함). 그러나 <표 3-2>와 같 이 국립경주박물관이 최근에 제시한 출토유물의 수(남분 32,745점, 북분 35,648점)는 남분의

경우 최초의 황남대총 남분과 북분 발굴조사보고서에서 밝히고 있는 출토 유물 수(남분 22,793점)보다

표 3-2 황남대총 남분과 북분의 출토유물 수

구 분	남 분	북 분	합 계
출토유물 수	32,745점	35,648점	68,393점

크게 증가되었음을 알 수 있다. 이로써 황남대총 남분과 북분에서 출토된 유물을 합계하면 68,393점임을 알 수 있다(김성범, 『2001 전통문화체험 교원연수 강의 교재』, 사단법인 신라문화진흥원, 2001 ; 연합뉴스, "황남대총 남분 유물 3만 2천 점 등록 작업," 2005년 3월 20일자). 국립경주박물관은 북분과 남분에 대한 유물등록 작업을 2000년과 2005년에 각각 완료하였다.

황남대총 한 개의 쌍분에서 약 7만여 점의 유물이 출토된 것은 매우 기이하고 놀라운 일이라고 생각된다.

❷ 남분과 북분에서 출토된 유물들은 왜 품질에 있어서 차이를 보이는가?

황남대총은 돌무지덧널무덤(적석목곽분)의 전형을 보여준다. 이 무덤은 적통제일가계(嫡統弟一家系, 적통이란 '정실이 나은 자녀'를 의미함)의 부인과 그보다 출신가계의 세력이나 서열이 상당히 뒤쳐지는 남편의 부부합장묘로 만들어진 것으로 추정되고 있다.

황남대총 남분과 북분은 서로 상당한 수준의 격차를 보인다. 북분의 부장내용이 남분에 비겨볼 때에 오히려 왕릉급 고분기준에 가깝고, 화려하고 품질이 좋은 물건들이 부장되어 있었다. 또한 북분에는 여성들이 패용할 수 있는 장신구류가 압도적으로 많고, 남분에는 전쟁과 관련이 있는 무기류와 마구류 등이 많이 부장되어 있어서 대조를 이루고 있다.

그렇다면 북분에 장신구가 많이 부장되어 있고, 남분에 무기류와 마구류 등이 많이 부장되

어 있는 것일까? 아마도 북분에 장신구가 많은 이유는 무덤의 주인공이 여성이고 신분서열이 높기 때문일 것이다. 그리고 남분에 무기류와 이기류(利器類 – 날카로운 병기), 마구류 등이 많은 이유는 무덤의 주인공이 많은 전쟁을 치러야 했고 남성이기 때문일 것으로 판단된다. 또한 남분과 북분이 출토 유물에 있어서의 품질과 부장 내용에 있어서 차이를 보이는 것은 무덤 주인공의 위상, 즉 출신가계(出身家系) 상의 차이에서 찾을 수 있을 것이다. 이에 따라 적통 출신이 아닌 남분 주인공에 대한 부장품은 하위왕족이나 상위귀족 정도의 예우를 받은 것으로 이해할 수 있다. 예컨대, 남분에서는 금관이 없었고 북분에서는 곡옥과 영락을 장식한 금관이 출토되었는데, 이와 같은 차이도 무덤 주인공의 출신가계 상의 차이에서 연유했음을 알 수 있다.

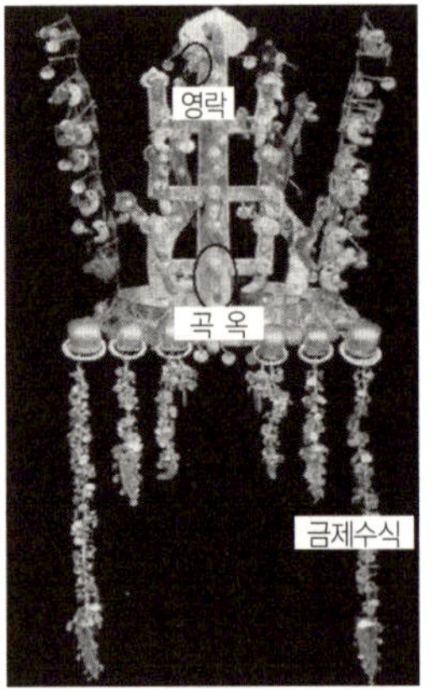

그림 3-14 북분에서 출토된 왕관에 쓰였던 장식물들

그림 3-15 왕관에 쓰이는 곡옥(左), 수식(中), 영락(右)

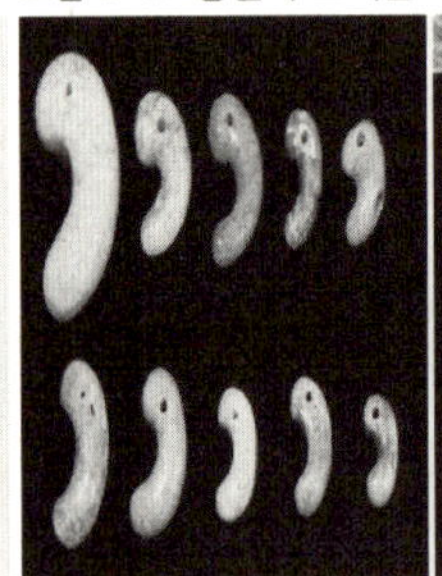
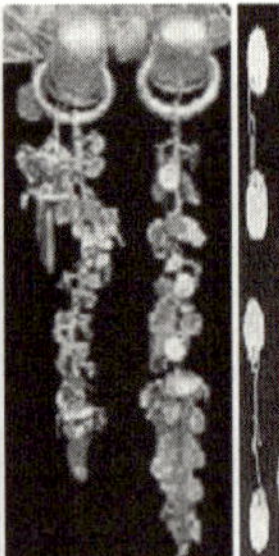
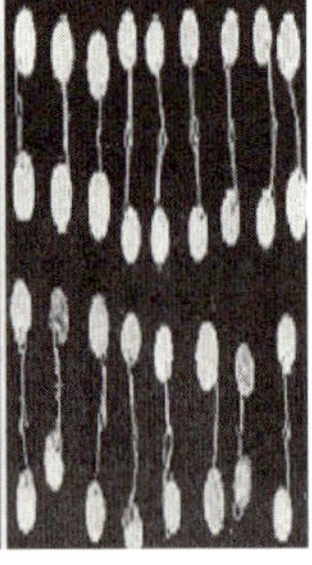

금관에는 아기 태모양의 곡옥(옥을 아기 태 모양으로 다듬어서 끈에 꿰어 장식으로 쓰던 구슬), 수식(금관에 드리워진 장식) 및 영락(진주, 옥, 금속 등으로 꿰어서 만든 장식물)이 장식으로 사용된다.

그림 3-16 황남대총 남분의 부곽 유물 출토상태

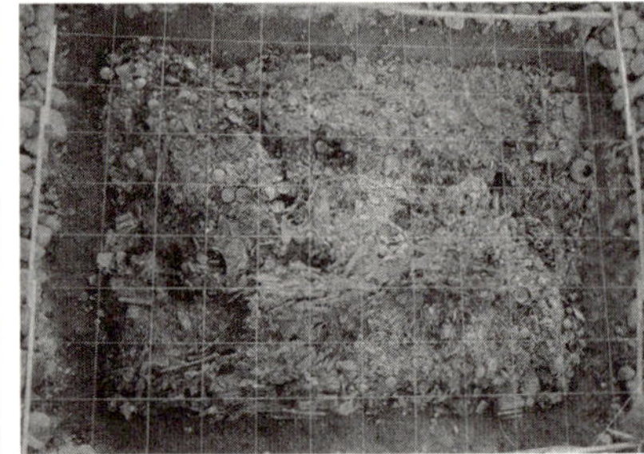

❸ 황남대총 남분과 북분에서는 어떠한 유물들이 출토되었을까?

황남대총에서는 화려하고 수준 높은 부장품이 다수 출토되었다. 이러한 유물들은 크게 장신구류(裝身具類), 무구 및 이기류(武具 및 利器類), 마구류(馬具類), 용기류(容器類), 기타로 분류할 수 있다. 지금부터는 남분과 북분에서 출토된 주요 유물들을 살펴보면서 그 옛날 신라의 찬란했던 문화를 엿보기로 하자.

황남대총 남분의 출토유물

■ 남분 장신구류

신체의 각 부분을 치레하는 화려한 장신구류가 출토되었으며, 이러한 장신구는 사회적 지위를 나타내는 신분의 표상으로도 이해할 수 있다. 무덤 주인공인 피장자의 출신성분이 낮아서 왕릉 고분임에도 불구하고 남분에서는 금관이 출토되지 않았다.
출토된 주요 장신구류로는 관모류(冠帽類), 경·흉식(頸·胸飾), 수식류(垂飾類), 지환류(指環類), 과대·요패류(銙帶·腰佩類), 금동제수식(金銅制垂飾) 등이 있다.

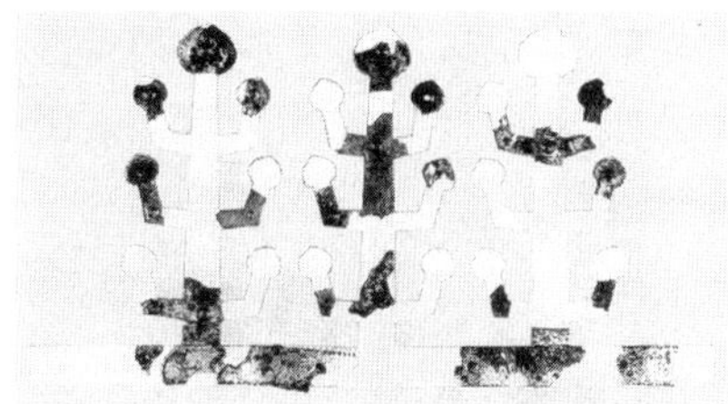

그림 3-17 남분 출토 금동관 : 금동관은 금동으로 만든 금속제 관모로 머리에 쓰는 장신구이다.

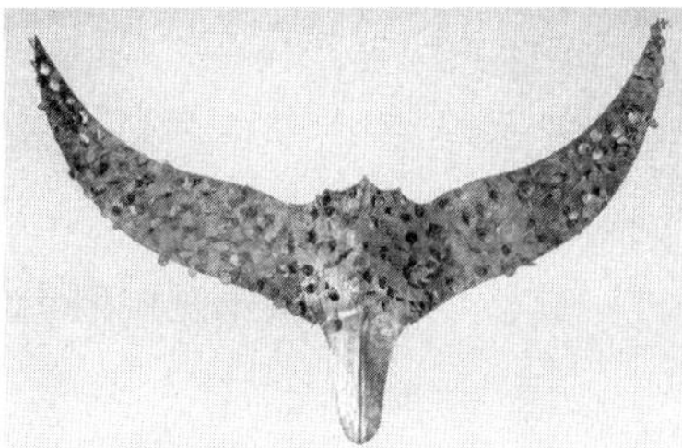

그림 3-18 남분 출토 금제조익형관식 : 금제 조익형관식은 금제로 된 새날개 모양의 관의 장식으로, 이는 장식효과나 종교적 의미를 나타내기 위하여 관모에 다는 장신구이다.

137

그림 3-21 남분 출토 금제지환(左)과 은제지환(右) : 금제지환과 은제지환은 손가락에 착용하는 금(은) 가락지이다.

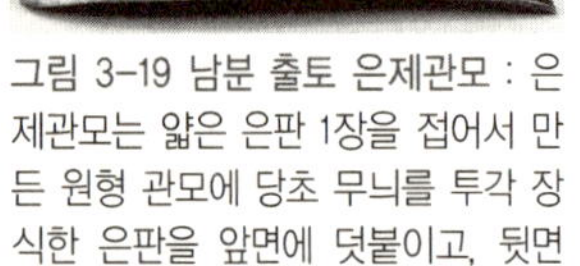

그림 3-19 남분 출토 은제관모 : 은제관모는 얇은 은판 1장을 접어서 만든 원형 관모에 당초 무늬를 투각 장식한 은판을 앞면에 덧붙이고, 뒷면은 약간 도드라지게 타출한 것이다.

그림 3-22 남분 출토 금제태환수식(左)과 금제세환수식(右) : 금제태환수식은 굵은 고리로 되어 있는 장신구이며, 금제세환수식은 가느다란 고리로 되어 있는 장신구이다.

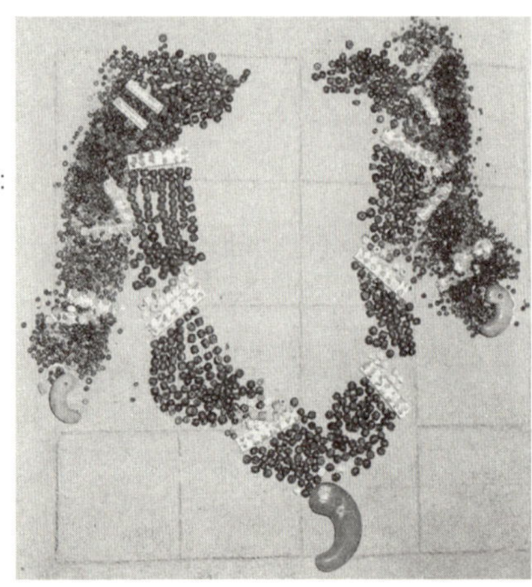

그림 3-23 남분 출토 흉식 : 흉식은 가슴 장식구이다.

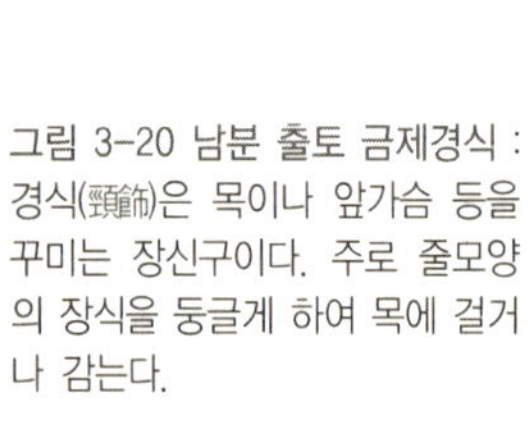

그림 3-20 남분 출토 금제경식 : 경식(頸飾)은 목이나 앞가슴 등을 꾸미는 장신구이다. 주로 줄모양의 장식을 둥글게 하여 목에 걸거나 감는다.

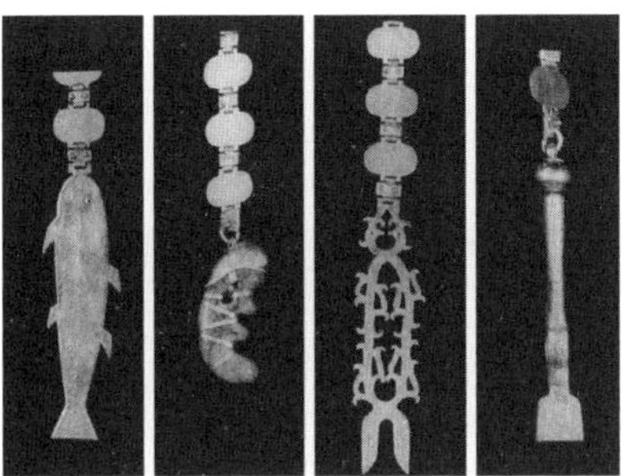

그림 3-24 남분 주곽출토 금제요패수식 : 금제요
패수식은 허리띠에 늘어뜨린 장식구이다.

그림 3-26 남분 출토 금동제식리 : 금동제식
리는 금동으로 제작된 신발이다.

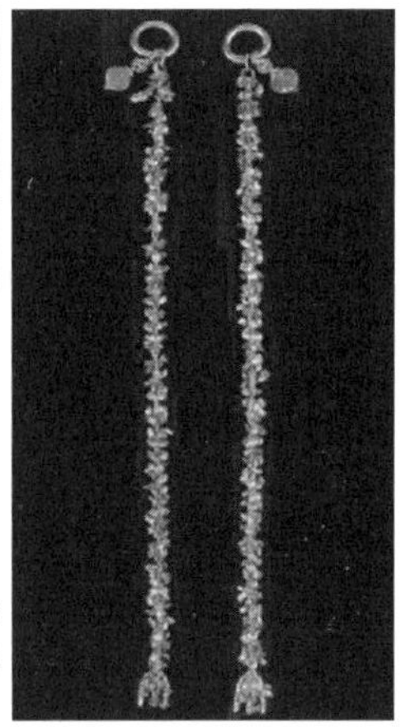

그림 3-27 남분 출토 금제관수식 :
금제관수식은 금제로 제작된 것으
로 관에 다는 장식구이다.

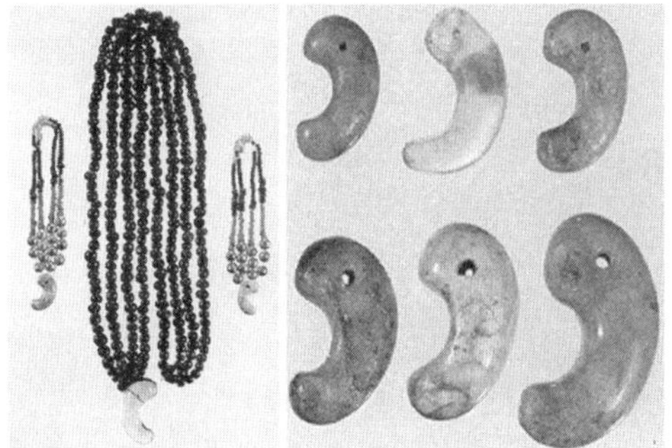

그림 3-25 남분 출토 각종 구슬(左)과 곡옥(右) : 장식에 사
용되는 구슬과 곡옥이다. 곡옥이란 옥을 반달 모양으로 다듬
어서 끈에 꿰어 장식으로 쓰던 구슬을 말한다.

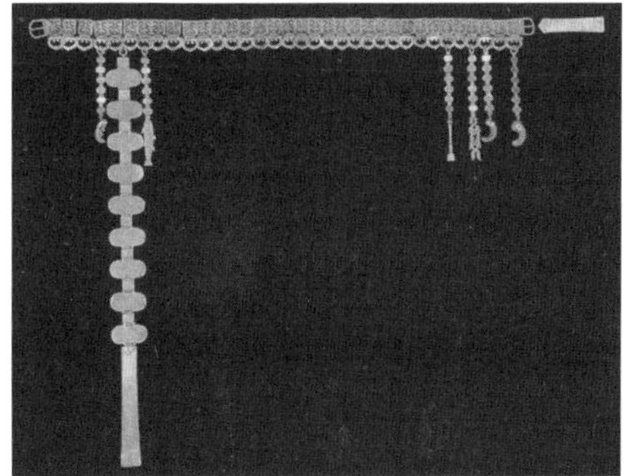

그림 3-28 남분 출토 금제과대 및 요패 : 금제과대 및
요패는 금제 허리띠와 허리띠에 달린 장식구이다.

■ 남분 무구 및 이기류

남분에서는 정강이를 보호하기 위한 경갑(脛甲), 큰 칼인 환두대도(環頭大刀), 철제무기(철모–철 모자, 철촉–철 화살촉, 철부–쇠도끼, 철정–쇠못), 날카로운 병기인 이기(利器) 등이 출토되었다.

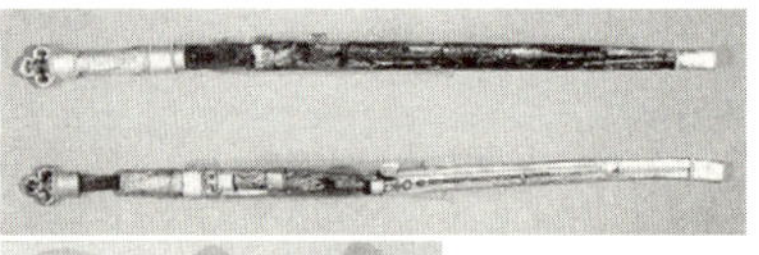

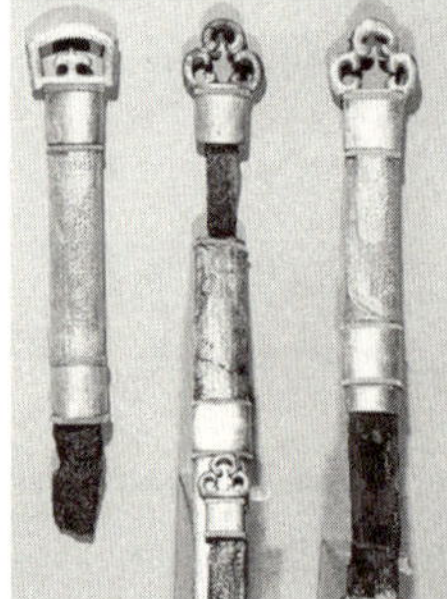

그림 3-29 남분 출토 금은장환두대도 : 금은장환두대도는 손잡이 끝에 둥근 고리가 달린 칼이다. 이 칼은 단순한 무기로서의 기능뿐만 아니라 정치권력의 의미도 가지고 있다. 손잡이와 칼집 등에 매우 화려한 장식이 있는 것이 특징이다.

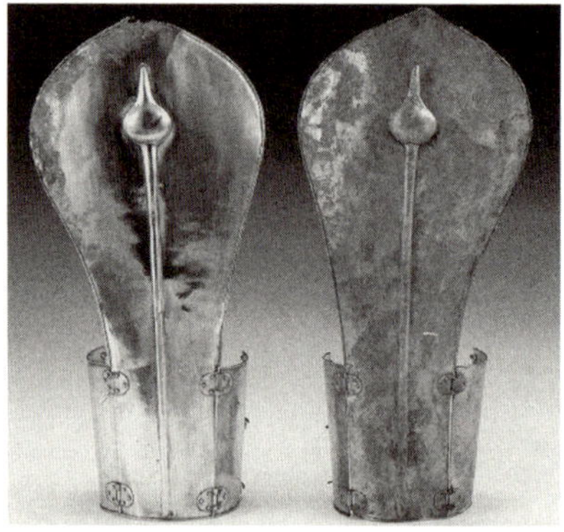

그림 3-30 남분 출토 은제경갑 : 은제경갑은 은제로 된 정강이 대기이다.

그림 3-31 남분 출토 철제환두대도 출토상태 : 철제로 된 큰 칼(철제환두대도) 출토상태이다.

그림 3-32 남분 출토 철부 출토상태 : 쇠도끼(철부)의 출토상태이다.

■ 남분 마구류

남분에서는 말안장 틀인 안교(鞍橋), 발걸이인 등자(鐙子), 말을 제어하기 위한 재갈(입을 막는 도구)인 경판(鏡板), 위엄을 갖추기 위한 장식용구인 행엽(杏葉) 등과 같은 말갖춤에 사용되는 마구류가 다수 출토되었다.

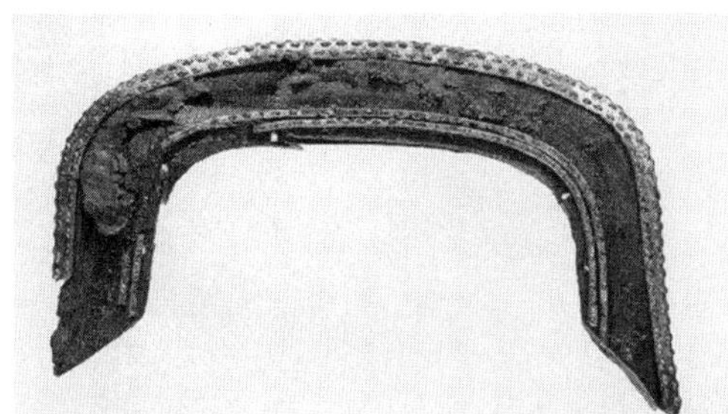

그림 3-33 남분 출토 목심흑칠안교 : 말안장 틀(안교)이다.

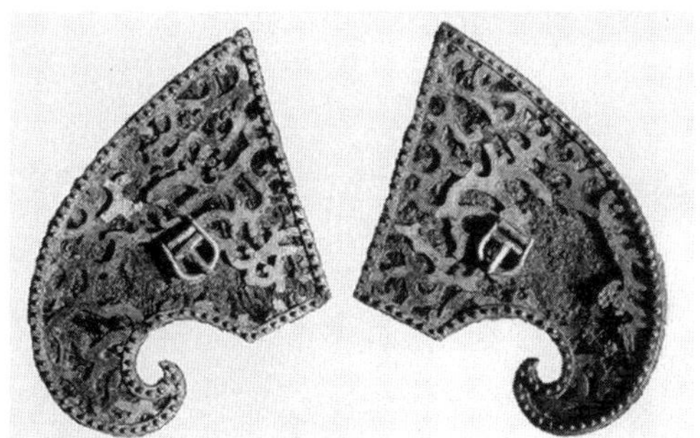

그림 3-34 남분 출토 투조금동판피옥충안교 : 말 안장 틀(안교)이다.

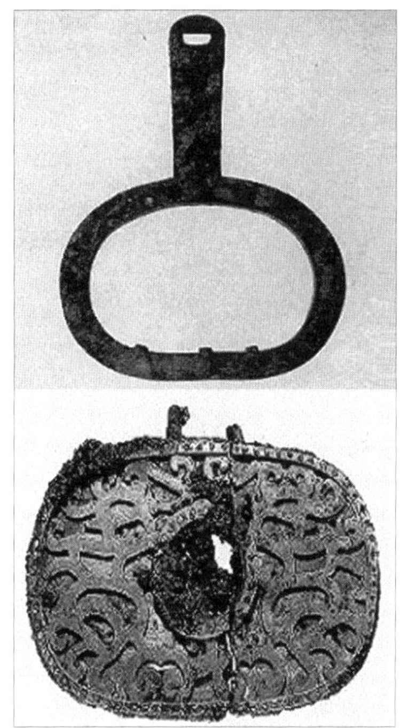

그림 3-35 남분 출토 목심금동판피등자(上)와 투조금동장경판(下) : 발걸이(등자)와 재갈(경판)이다.

🖫 마구에는 어떤 것이 있나?

마구(말갖춤)는 말에 장치하는 여러 가지 장비를 말한다. 말을 제어하는 것으로는 재갈(경판), 말굴레, 고삐, 채찍 등이 있으며 편하게 타기 위한 용구로는 안장(안교)과 발걸이(등자) 등이 있다. 위엄을 갖추기 위한 장식용구로는 말띠드리개(행엽), 말띠꾸미개, 말방울, 말머리꾸미개 등이 있다. 이외에도 다래, 말머리가리개, 말 갑옷 등이 있다.

■ 남분 용기류

남분에는 금제, 은제, 철제, 청동으로 된 금속용기, 칠기류, 유리잔과 유리병, 토기 등이 다수 출토되었다.

그림 3-36 남분 출토 금제완 : 금제로 제작된 밥그릇이다.   그림 3-37 남분 출토 은제완 : 은제로 제작된 밥그릇이다.

그림 3-38 남분 출토 은제소합 : 은제로 제작된 뚜껑이 있는 작은 그릇이다.

그림 3-39 남분 출토 청동제소합 : 청동으로 제작된 뚜껑이 있는 작은 그릇이다.

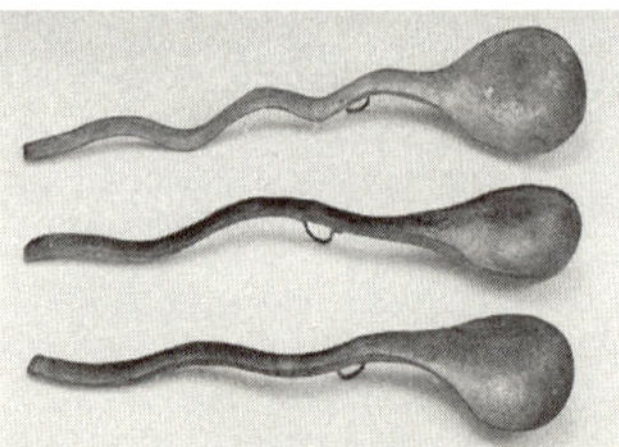

그림 3-40 남분 출토 은제국자 : 은제국자이다.

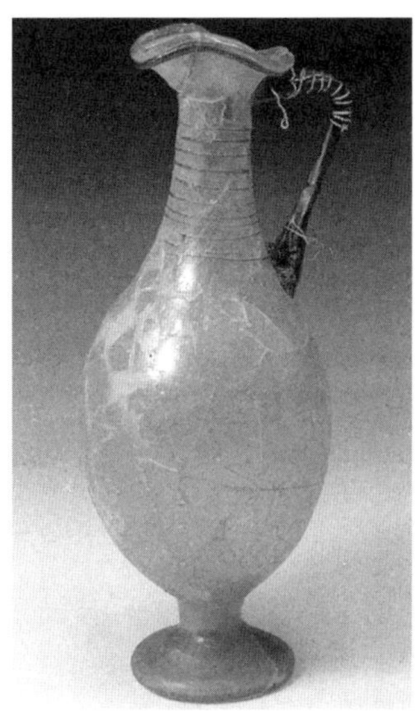

그림 3-41 남분 출토 봉수형유리병

그림 3-42 남분 출토 유리배(上)와 유리
완(下) : 유리잔과 유리 그릇이다.

그림 3-43 남분 출토 토기 : 흙으로 만
든 그릇이다.

그림 3-44 남분 출토 칠기 : 칠기류이다. 칠기
는 옻나무의 수액을 써서 가공된 제품이다.

황남대총 북분의 출토유물

■ 북분 장신구류

북분에서는 피장자가 여성인 것으로 밝혀졌음에도 불구하고 금관이 출토되었으며, 남분 출토 유물보다 화려하고 품질이 높은 것들이었다. 또한 무구류보다는 화려한 장신구류가 많이 출토되었다. 여기에서는 남분에서 제시된 것과 유사한 유물에 대한 소개는 생략하기로 한다.

출토된 주요 장신구류로는 금관(金冠), 수식류(垂飾類), 팔찌, 금반지, 과대·요패(銙帶·腰佩), 경·흉식(頸.胸飾) 등이 있다. 대표적인 유물들을 중심으로 살펴보기로 하자.

그림 3-45 북분 출토 금동관 : 금관이다. 곡옥, 수식, 영락 등으로 장식되어 있어서 그 자태가 매우 화려한 것이 특징이다.

그림 3-46 북분 출토 금제태환수식

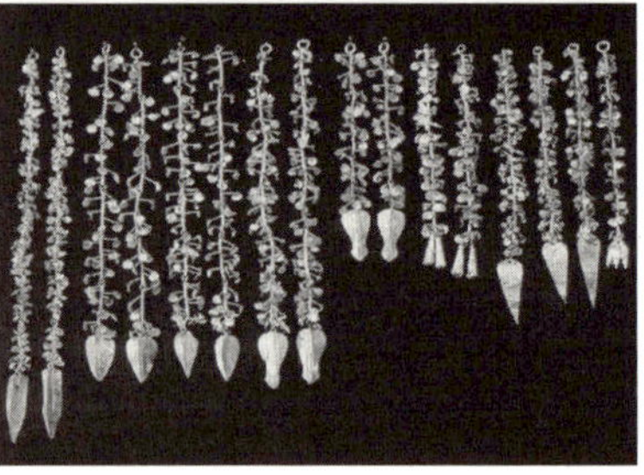

그림 3-47 북분 출토 금제수식

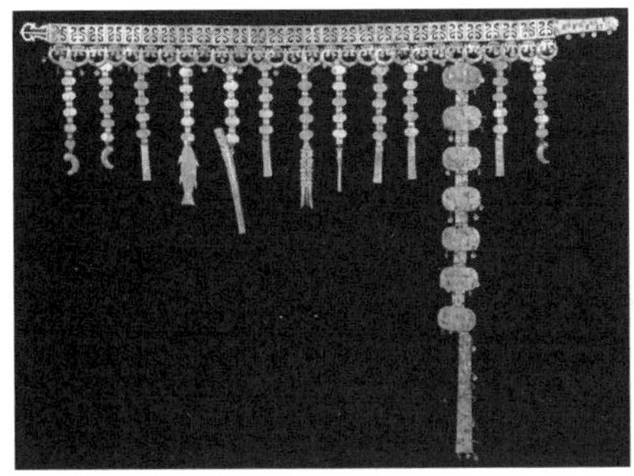

그림 3-48 북분 출토 금제 과대와 요대
그림 3-49 북분 출토 금반지

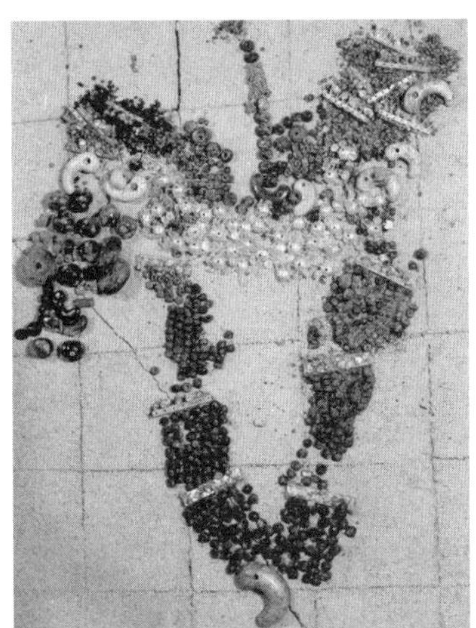

그림 3-50 북분 출토 경흉식

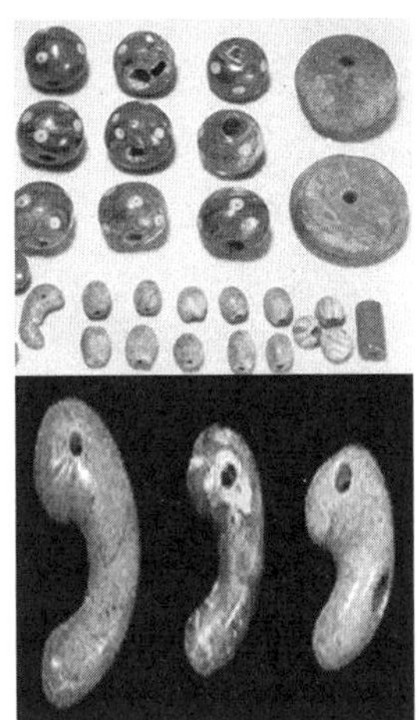

그림 3-51 북분 출토 각종 구슬 (上)과 곡옥(下)

그림 3-52 북분 출토 금팔찌

■ 북분 무구 및 이기류

북분에서는 환두대도, 철도자(철제 손칼), 철제삼지창, 금장도, 철모(철제 창), 철겸(낫), 철촉(화살촉), 철정(쇠못), 철제집게, 부삽형 철구, 철부(쇠도끼), 철제꺽쇠, 철경(철제 거울), 채화방추자형 석기 등의 유물이 다수 출토되었다.

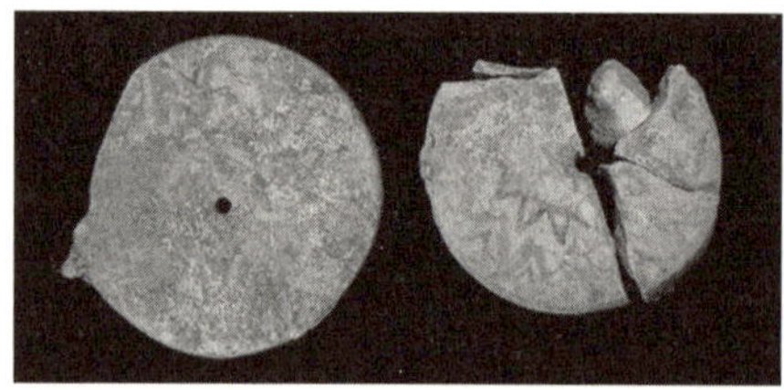

그림 3-53 북분 출토 채화방추자형 석기 : 채화방추자형 석기는 돌로 만들어진 날카로운 연장이다.

그림 3-54 북분 출토 철제삼지창(左)과 철겸(右) : 철제삼지창은 철제 세 가지 창이며, 철겸은 철제 낫이다.

그림 3-55 북분 출토 철도자(左)와 철모(右) : 철도자는 철제 손칼(철도자)이며, 철모는 창이다.

■ 북분 용기류

북분에서는 금제고배, 은제고배, 금동제고배, 금제완, 은제완, 은제소합, 금동제소합, 금동제대합, 유리배, 흑갈유
자기소병, 칠기그림, 쇠솥 등의 유물이 다수 출토되었다.

그림 3-56 북분 출토 금제고배 : 금제고배는 금제 굽이 있
는 잔이다.

그림 3-57 북분 출토 은제고배 : 은제고배는 은제 굽이 있
는 잔이다.

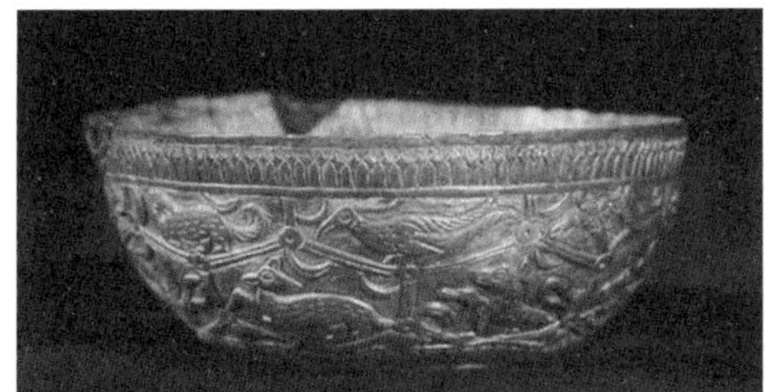

그림 3-58 북분 출토 타출문은잔 : 타출문은잔은 타출 무늬
은잔이다. 타출 무늬는 철판을 모형에 대고 두드려서 모형과
같은 형태로 만든 형태이다.

그림 3-59 북분 출토 흑갈유자기소병(左)과 유리배(右) : 흑
갈유자기소병은 흑갈색의 유자기로 만들어진 작은 병이며,
유리배는 유리 잔이다.

그림 3-60 북분 출토 대부유리배 : 대부유리배는 받침이 붙어 있는 유리 잔이다.

그림 3-63 북분 출토 토기고배(左), 토기개배(右上), 토기대부장경호(右下) : 토기고배, 토기개배, 토기대부장경호는 토기로 된 잔과 그릇들이다.

그림 3-61 북분 출토 칠기의 동물그림

그림 3-64 북분 출토 토기유개합 : 토기유개합은 뚜껑이 있는 토기 그릇이다.

그림 3-62 북분 출토 쇠솥

그림 3-65 북분 출토 녹유자기병(左)과 토기호(右)

■ 북분 마구류

북분에서는 철제재갈, 마탁(馬鐸), 금동제행엽, 철제교구, 투조금동제행엽, 가죽띠 등의 마구류가 다수 출토되었다.

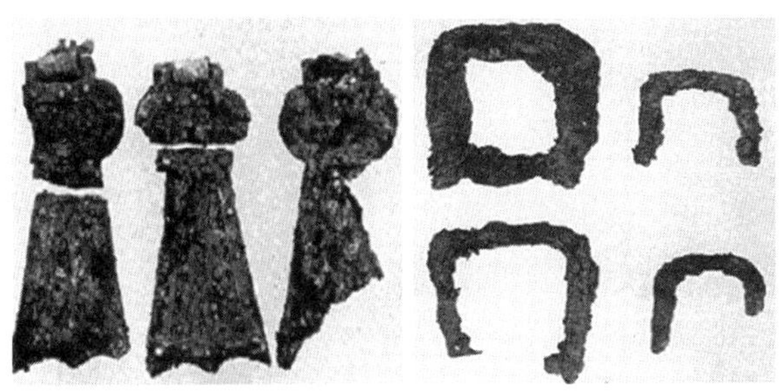

그림 3-66 북분 출토 투조금동제행엽(左)과 철제교구(右) : 투조금동제행엽은 위엄을 갖추기 위한 장식용구이며, 철제교구는 말안장(안교) 등에 부착되어 사용되었던 것이다.

그림 3-67 북분 출토 청동제마탁 : 청동제마탁은 청동으로 제작된 말방울이다.

149

4. VR을 통한 경주왕릉 엿보기

지금까지 우리들은 황남대총의 놀랍고 신비로운 세계에 대해서 살펴보았다. 특히 남분과 북분에서 출토된 유물들을 세심하게 살펴 본 독자들은 1,600년 이상이 흐른 오늘날에도 결코 뒤떨어지지 않는 고대 유물의 찬란함과 섬세함을 가슴 깊이 새겼을 줄로 안다.

본 장에서는 필자가 제작한 대릉원 가상현실관(大陵苑 仮想現實館)을 소개하고자 한다. 가상현실관은 한 개의 제품으로 완성되어 있지만 대릉원 내에 있는 천마총과 황남대총을 대상으로 구분해서 관람할 수 있다. 그러나 본서의 중심은 황남대총 가상현실관을 체험하는 것이다.

천마총은 현재 일반인에게 공개되어 있다. 그런데 천마총 바로 옆에 위치하고 있는 황남대총은 거대한 봉분이 쌓여져 있을 뿐 모든 유물들은 국립경주박물관 등에 보내져 전시되거나 보관되고 있는 중이다. 그래서 대릉원을 찾은 사람들은 천마총을 관람하고 난 후 황남대총을 보고 싶은 소망이 있다고 해도 그 꿈이 실현되기는 어렵다. 이러한 어려움을 해소하고자 대릉원 가상현실관을 제작하게 되었다.

이제부터는 본서의 〈부록 CD〉에 포함되어 있는 '대릉원 가상현실관'을 설치하고, 이를 통해 신나는 경주왕릉 문화여행을 떠나기로 한다.

(1) 대릉원 가상현실관의 설치

대릉원 VR제품인 대릉원 가상현실관을 설치하고 작동시켜 신나는 경주왕릉 문화여행을 해보자. 이를 위해서는 다음과 같은 몇 가지 절차가 필요하다.

① 이미 제2장에서 〈부록 CD〉 대릉원 가상현실관을 CD 드라이브에 삽입시킨 후 하드디스크 C에 복사하였을 것이다(제2장의 절차를 따라 복사한 독자라면 다음 절차를 생략해도 되며, 바로 C드라이브의 대릉원가상현실관 폴더 안에 있는 실행파일인 시작하기.htm을 클릭하여 시작하면 된다. 만약 C 드라이브에 복사되어 있지 않으면 다음과 같은 절차를 통해서 설치하기 바란다. CD가 들어가 있는 새 파일(D :)을 아래와 같이 클릭한다. CD에서 바로 영상물을 읽어 들일 수도 있으나 하드디스크에서 작동시키면 끊기는 현상 없이 빠르게 작동시킬 수 있으므로 가급적이면 부록의 내용을 하드디스크에 복사하여 사용하는 것이 좋다.

② 새 파일(D :) 오른쪽 화면에 나타나 있는 대릉원 가상현실관 폴더를 마우스 왼쪽을 클릭한 상태에서 드래그인 하여 하드디스크 C : 에 가져다 놓아 복사한다. 그러면 하드디스크 C : 에 대릉원가상현실관 폴더가 생기면서 그 안에 새 파일(D :)의 대릉원가상현실관 폴더에 있는 내용들이 복사된다.

그림 4-1 대릉원 가상현실관 설치하기 1

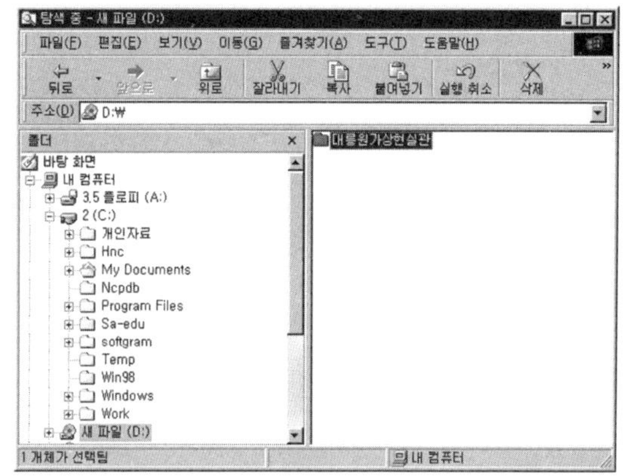

그림 4-2 대릉원 가상현실관 설치하기 2

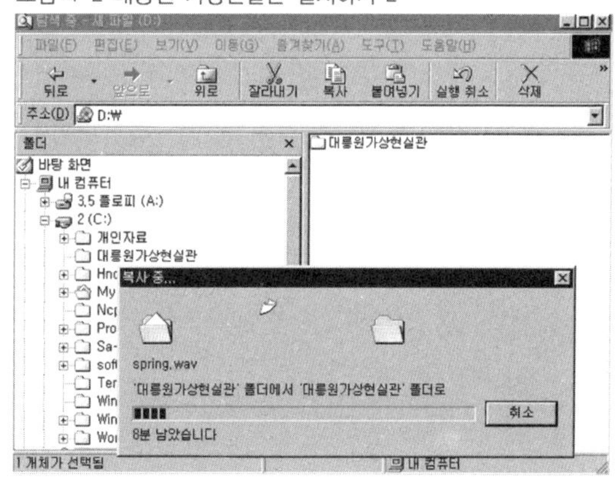

③ 복사가 완료되면 하드디스크 C : 를 클릭한다. 그러면 다음과 같은 화면이 나타난다.

그림 4-3 대릉원 가상현실관 설치하기 3

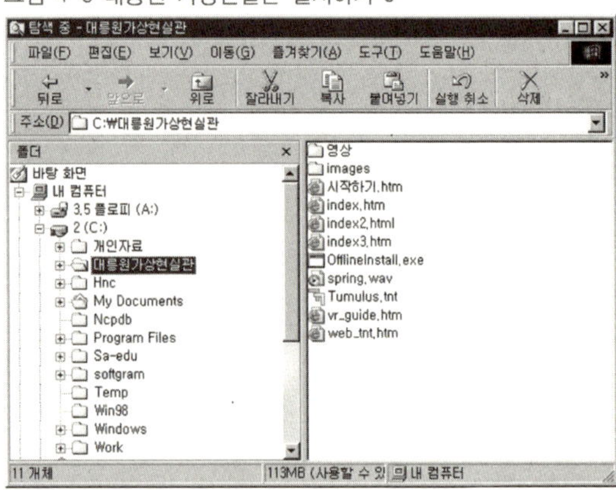

④ 대릉원가상현실관 폴더를 클릭하면 다음과 같은 화면이 나타난다.

그림 4-4 대릉원 가상현실관 설치하기 4

⑤ 대릉원가상현실관 폴더 안에 있는 실행파일인 '시작하기.htm'을 클릭한다. 만약 VR제품을 작동시키려고 하는 대상 컴퓨터에 인터넷이 연결되어 있지 않다면 폴더 안에 있는 OfflineInstall.exe를 클릭하여야 한다.

그림 4-5 대릉원 가상현실관 설치하기 5

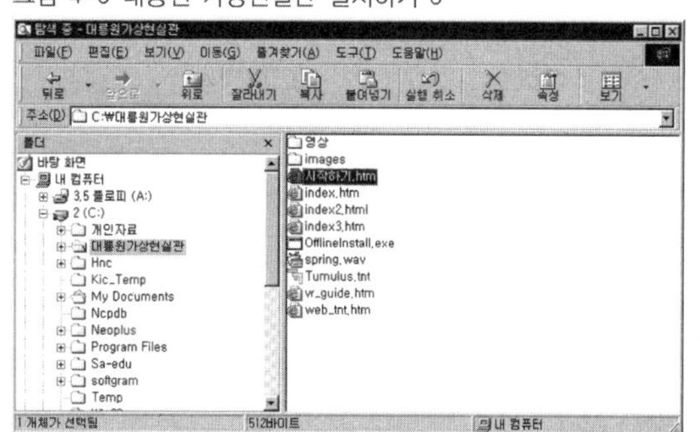

⑥ 그러면 다음과 같은 시작하기 화면이 나타난다. 시작하기 화면에는 본 VR제품에 대한 사용방법과 VR보기로 구성되어 있다. VR보기를 작동시키기 전에 〈표 4-1〉에 제시된 사용방법을 읽어보는 것이 필요하다.

그림 4-6 대릉원 가상현실관 시작하기

대릉원 가상현실관을 작동시키기 전에 점검해야 할 사항

대릉원 가상현실관을 작동시키기 전에 사전점검 해야 할 사항은 다음과 같다. ① CD를 작동시키려고 하는 대상 컴퓨터는 팬티엄4 이상의 기종이어야 한다. ② 램메모리는 1G 이상 확보되어 있어야 한다.
이상의 조건들이 충족되지 않는다면 대릉원 가상현실관이 원활하게 작동되지 않을 수도 있음에 유의하기 바란다. 만약 작동이 원활하지 않다면 보다 성능이 우수한 컴퓨터에서 실행시켜 보기 바란다.

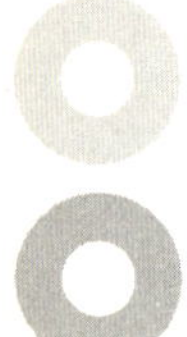

표 4-1 대릉원 가상현실관의 기본 조작법 설명

가상현실(VR)의 기본 조작법

● 진행방향 선택

▶ VR보기 화면에서 마우스 왼쪽버튼을 누른 상태에서 마우스 포인터를 움직여 진행방향을 선택합니다. 또한 마우스 포인터를 상하, 또는 좌우로 움직이면서 VR를 조작합니다. 이때 마우스는 항상 천천히 조작하며, 급하게 움직이지 않도록 주의하여야 합니다.

● 방향이동키

▶ 키보드의 방향키(상,하,좌,우)를 이용하여 이동방향(전진, 후진, 회전)을 제어합니다.

● 이동시 높이의 선택(필요시)

▶ 처음 실행시에는 표준이동하기로 작동되며, 필요시 중간이동하기와 높게이동하기를 선택하여 목적지로 이동합니다. (이동하기 형태 : 표준이동하기, 중간이동하기, 높게이동하기)

● 빠른 이동 버튼

▶ "시작하기" 버튼은 현재위치에서 벗어나 처음위치로 되돌아 갑니다.

▶ 대릉원 정문에서 VR보기를 하는 경우 황남대총까지 가는데 많은 시간이 소요되므로, "황남대총 바로가기" 버튼을 클릭하여 황남대총 정문까지 이동할 것을 권장합니다.

(2) VR을 통한 경주왕릉 체험하기

경주왕릉 체험하기는 천마총 둘러보기와 황남대총 둘러보기로 구분할 수 있다. 기본적으로는 황남대총을 관람할 수 있도록 가상현실 제품이 만들어져 있으므로 천마총 둘러보기를 실행하려면 약간의 인내가 필요하며, 필자의 둘러보기 데모를 세심하게 살펴보기 바란다.

❶ 천마총 둘러보기

천마총에 대한 가상현실 체험은 여러분의 선택사항이다. 왜냐하면 경주에 있는 대릉원을 방문하면 언제든지 왕릉 내부를 관람할 수 있기 때문이다. 한번 방문해 본 사람이라면 어떤 유물들이 전시되어 있고, 옛날 모습 그대로 재현되어 있는 목곽구조를 잘 알고 있을 것이다. 그러나 아직도 여차 여차 시간이 흘러 천마총을 한번도 방문해 보지 못한 분들을 위해 잠시 소개하려고 한다. 이를 통해 여러분은 천마총 가상현실의 세계를 경험할 수 있는 좋은 기회가 될 것이다.

가상현실 제품이 여러분 컴퓨터에 설치되어 있다면 이제 천마총 가상현실관으로 들어가 볼까요? VR제품을 통해 천마총을 관람하려면 먼저, 천마총의 입구로 찾아가야 한다. 그런 다음 입구를 지나 천마총 안으로 들어간 후 전시되어 있는 유물들과 내부 구조를 관람하면 된다.

천마총 가상현실관으로 가려면 어떻게 해야 하나요?

■ 천마총 입구로 가기

천마총 입구로 가는 방법은 ① 대릉원 정문에서 시작하여 천마총으로 가는 방법과, ② 대릉원 가상현실관 초기화면에서 황남대총 바로가기 버튼을 클릭하여 황남대총 입구까지 간 후 그곳에서 키보드와 마우스 조작으로 천마총으로 가는 방법의 두 가지가 있다. ①방법은 시간이 소요되고 다소 어려울 수 있으나 ②방법을 사용하면 조금 더 짧은 시간 내에 입구에 도달할 수 있다.

1방법 대릉원 정문에서 출발하여 입구로 가기

① 대릉원 가상현실관 폴더 안에 있는 실행파일인 시작하기.htm을 클릭하여 시작화면으로 들어간다.
② 시작화면에서 VR 보기 버튼을 클릭한다. 그러면 〈그림 4-7〉과 같은 대릉원 입구가 있는 초기화면이 나타난다.

그림 4-7 대릉원 가상현실관 초기화면

표 4-2 초기화면 버튼에 대한 설명

버튼 명칭	설　명
다시시작	가상현실 제품을 관람하다가 처음 위치로 가고자 할 때 사용하는 버튼
황남대총바로가기	대릉원 입구에서 바로 황남대총 입구까지 바로가기 위한 버튼
시　점	가상현실관을 작동시키다가 정상 위치보다 높은 위치에서 관람하거나 이동하고자 할 때 사용하는 버튼(시점01 정상위치, 시점02 조금 높은 위치, 시점03 조금 더 높은 위, 시점04 가장 높은 위치)

③ 〈표 4-1〉의 키보드와 마우스 기본 조작법을 자세히 읽어본 후 조작법에 따라 대릉원 입구에 있는 문을 지나 설치되어 있는 도로와 표지판을 따라서 서서히 천마총 입구로 간다. 진행하려고 하는 방향인 대릉원 문 가운데 쯤에서 마우스의 왼쪽버튼을 누른 상태에서 마우스 포인터로 진행방향을 선택하면서 키보드 우측 하단에 있는 방향키(전진 ↑, 좌측으로 진행 ←, 우측으로 진행 →, 후진 ↓)를 이용해 앞으로 진행하거나 기타 진행방향을 결정한다. 회전하고자 할 경우에는 마우스 왼쪽 버튼을 누르지 않은 상태에서 방향키(좌회전 ←, 우회전 →)를 누르고 있으면 된다. 이때 마우스 포인터를 상하, 좌우로 천천히 움직이면서 진행하면 상하, 좌우로도 조작된다. 그러나 마우스는 항상 천천히 조작해야만 급격하게 화면이 움직이는 현상을 방지할 수 있다.

그림 4-8 천마총 입구가기 진행 1 : 대릉원 입구를 막 들어가는 화면

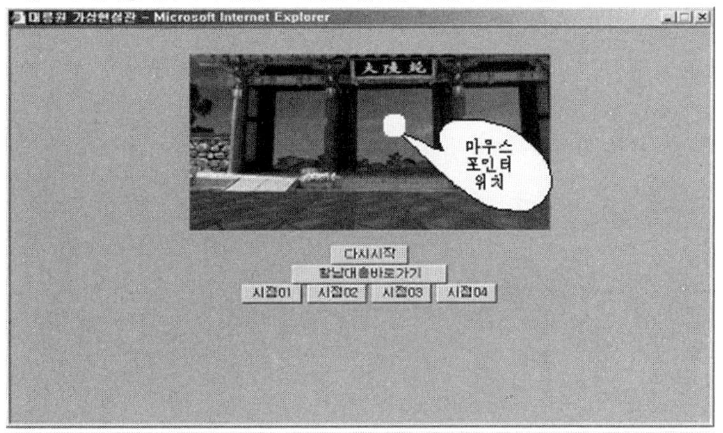

키보드 방향키와 마우스는 화면 범위 안에서만 작동한다. 전진하고자 하는 방향에 마우스 포인터를 놓고 왼쪽버튼을 누른 상태에서 전진 방향키(↑)를 누르면 앞으로 진행한다.

그림 4-9 천마총 입구가기 진행 2 : 입구 통과 후 화면

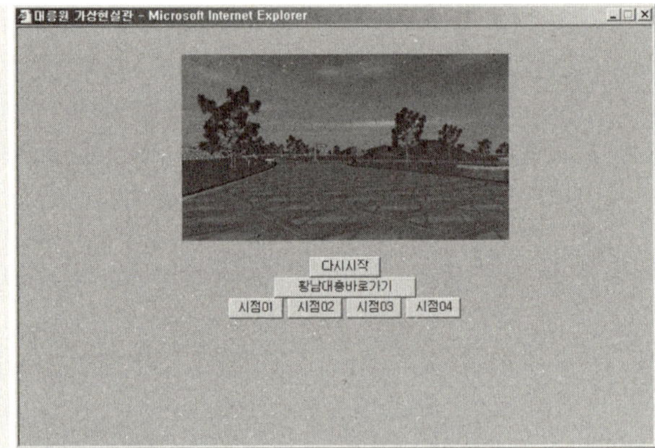

진행 중에 좌회전이 필요하면 왼쪽 방향키(⬅), 우회전은 오른쪽 방향키(➡)를 누르고 있으면 된다. 이때 마우스왼쪽은 잠시 놓는다.

그림 4-10 천마총 입구가기 진행 3 : 입구 통과 후 화면

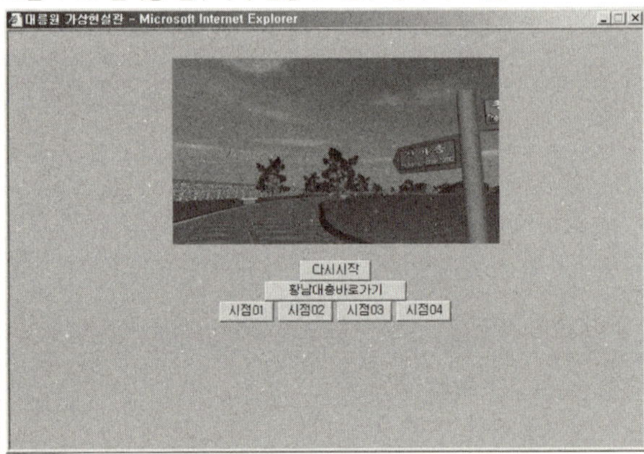

화면에서 방향 표지판은 가고자 하는 목적지를 알려준다. 가능하면 길을 따라서 진행하고 표지판을 확인하면서 전진한다. 물론 작동법이 익숙해지면 길을 따라서 가지 않고 시점(01, 02, 03, 04)을 변경하면서 진행할 수도 있다. 다만, 시점을 선택한 경우에는 최종 목적지에서 시점01로 변경해 주어야 한다. 한편, 가상현실 진행 중에 나무 등에 걸려서 진행이 안 되면 피해서 가야 한다.

그림 4-11 천마총 입구가기 진행 4 : 입구 통과 후 화면

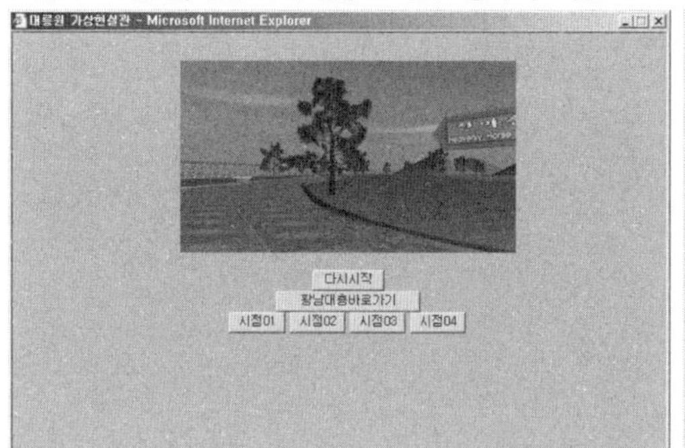

그림 4-12 천마총 입구가기 진행 5 : 입구 통과 후 화면

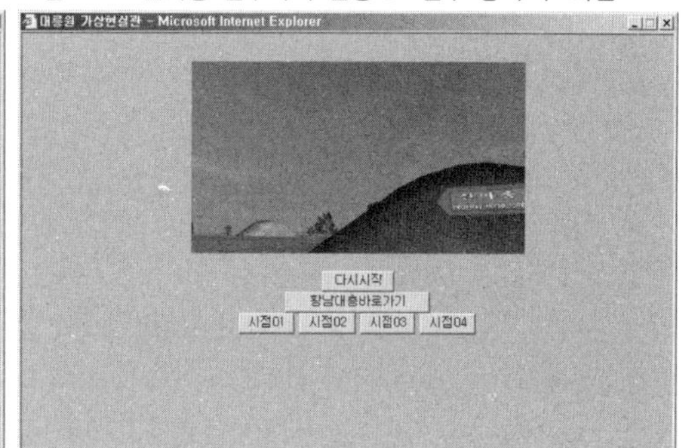

그림 4-13 천마총 입구가기 진행 6 : 입구 통과 후 화면

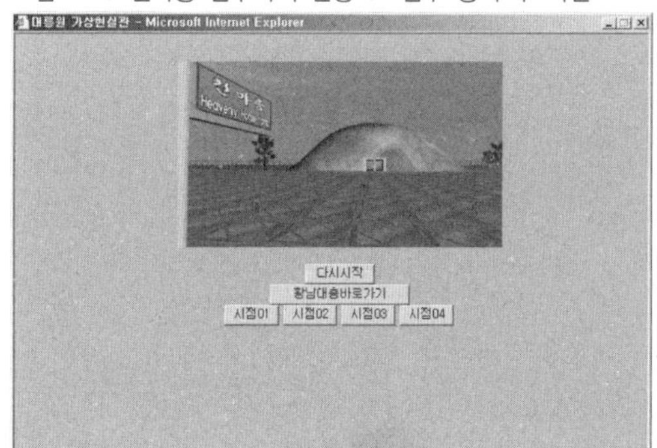

그림 4-14 천마총 입구가기 진행 7 : 천마총 입구 도착 화면

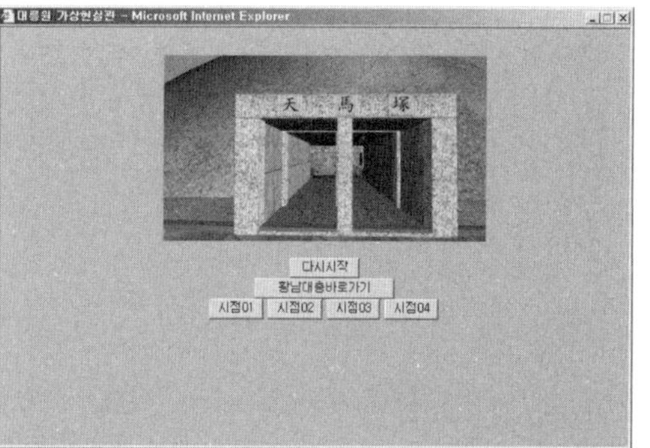

천마총 입구에 도착한 화면이다. 무덤 안을 관람하는 방법은 뒤에서 설명하기로 한다.

제2방법 초기화면에서 황남대총바로가기를 이용해 천마총 입구로 가기

① 대릉원가상현실관 폴더 안에 있는 실행파일인 시작하기.htm을 클릭하여 시작 화면으로 들어간다.

② 시작화면에서 VR 보기 버튼을 클릭한다. 그러면 〈그림 4-15〉와 같은 대릉원 입구가 있는 초기화면이 나타난다.

③ 옆의 초기화면 〈그림 4-15〉에서 황남대총바로가기 버튼을 마우스로 클릭한다. 그러면 〈그림 4-16〉와 같이 황남대총입구 표지판 앞까지 미리 지정된 길 안내에 따라 자동으로 진행된다.

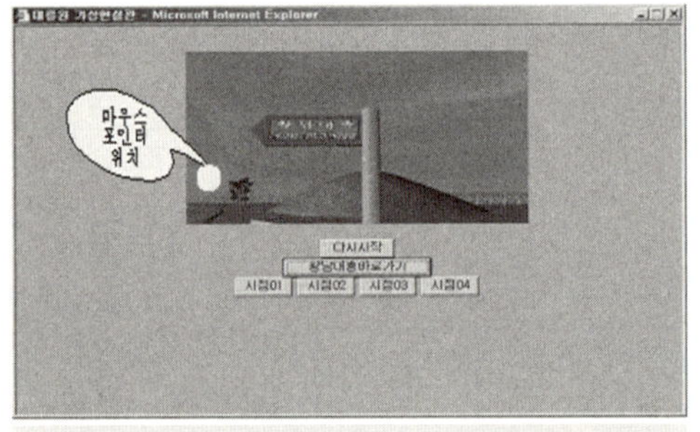

그림 4-15 대릉원 가상현실관 초기화면

그림 4-16 황남대총입구 표지판 앞 도착 화면

표지판 방향은 황남대총 입구방향이다. 천마총을 가려면 표지판 방향이 아니라 정면 방향(화면에서 마우스포인터가 있는 방향)의 길을 따라서 진행해야 한다.

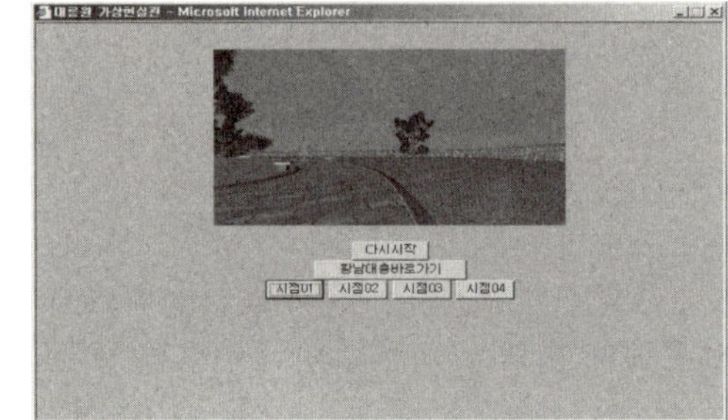
그림 4-17 황남대총입구 표지판 앞에서 천마총 진행 화면 1

그림 4-18 황남대총입구 표지판 앞에서 천마총 진행 화면 2

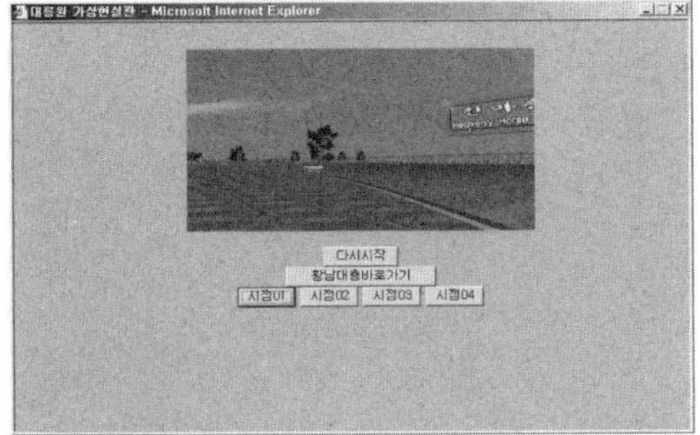

그림 4-19 황남대총입구 표지판 앞에서 천마총 진행 화면 3

멀리 표지판이 보인다. 표지판에서 왼쪽 길로 진행한다.

그림 4-20 황남대총입구 표지판 앞에서 천마총 진행 화면 4

그림 4-21 황남대총입구 표지판 앞에서 천마총 진행 화면 5

화면 오른쪽에 보이는 무덤이 천마총이다.

그림 4-22 황남대총입구 표지판 앞에서 천마총 진행 화면 6

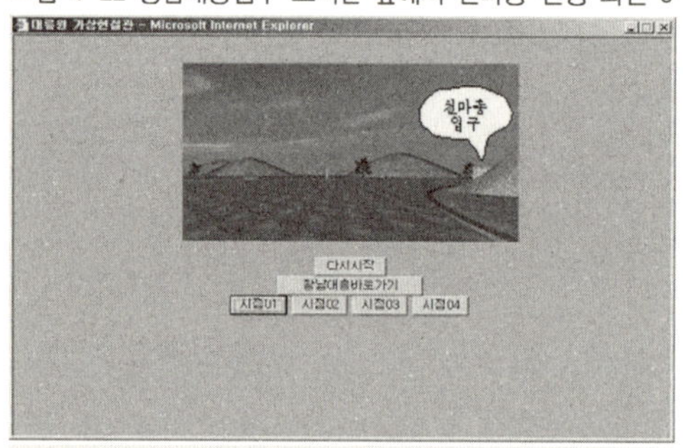

그림 4-23 천마총 표지판 앞에서 천마총 진행 화면 1

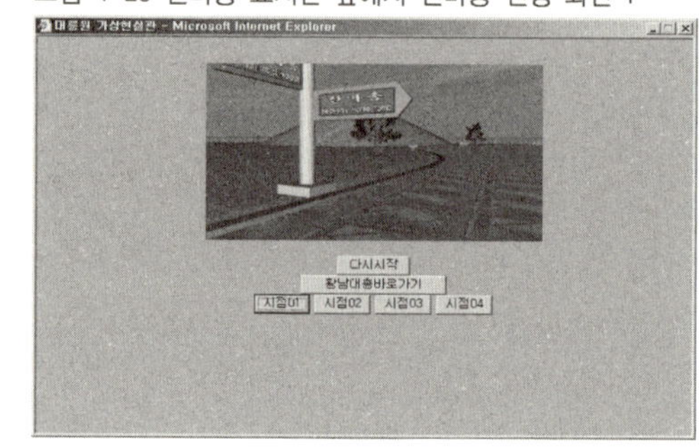

천마총 입구가 길 방향 오른쪽에 있어서 입구로 들어가기가 쉽지 않다. 따라서 멀리 보이는 표지판 앞까지 가서 천마총 입구 방향으로 우회전한 후 천마총입구로 접근하는 것이 좋다.

그림 4-24 천마총 표지판 앞에서 천마총 진행 화면 2

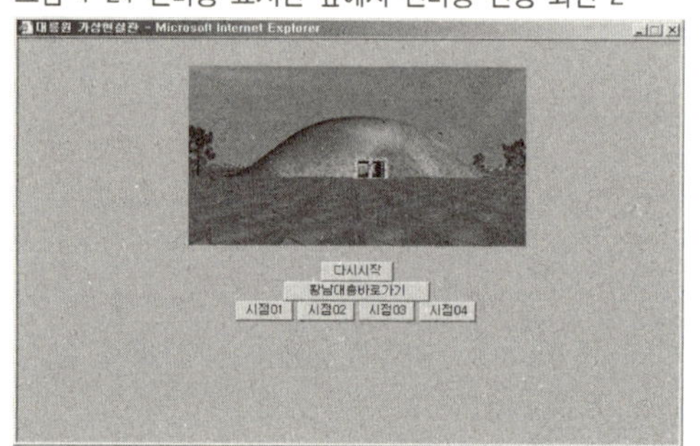

그림 4-25 천마총 표지판 앞에서 천마총 도착 화면

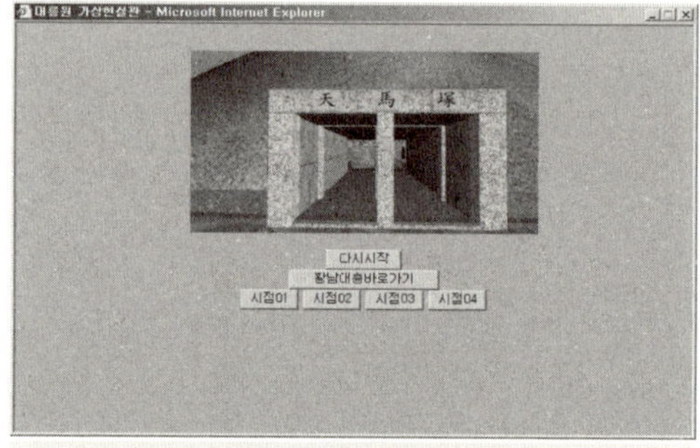

천마총 입구에 도착한 화면이다. 무덤 안을 관람하는 방법은 뒤에서 설명하기로 한다.

천마총 입구에서 어떻게 내부로 들어가서 유물들을 관람하나요?

■ **천마총 내부 관람하기**

천마총 가상현실관은 현재 일반인들에게 공개하고 있는 내부 구조와 동일하게 제작한 것이다. 앞에서 설명한 ① 방법(또는 ②방법)으로 천마총 입구에 도착했으면 이제 무덤 속으로 들어가서 전시된 유물들을 관람하도록 하자.

천마총 입구를 통해서 내부로 들어간다. 이때 이동 중 벽에 부딪혀서 전진할 수 없으면 일단 후진 방향키로 조금 물러난 후 키보드와 마우스 조작을 통해서 피해가야 한다.

그림 4-26 천마총 입구에서 천마총 내부로 들어가기 1

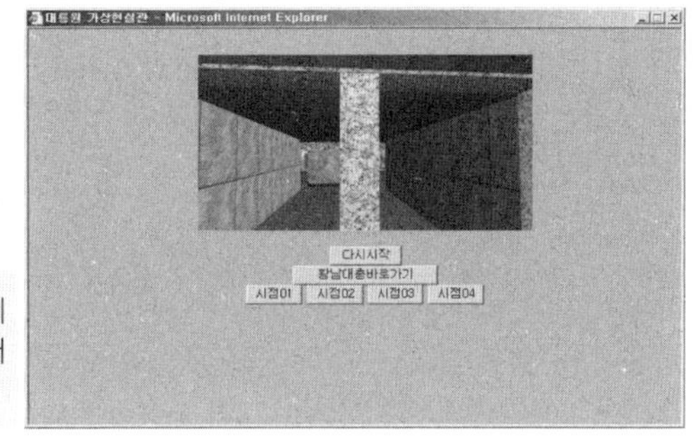

그림 4-27 천마총 입구에서 천마총 내부로 들어가기 2

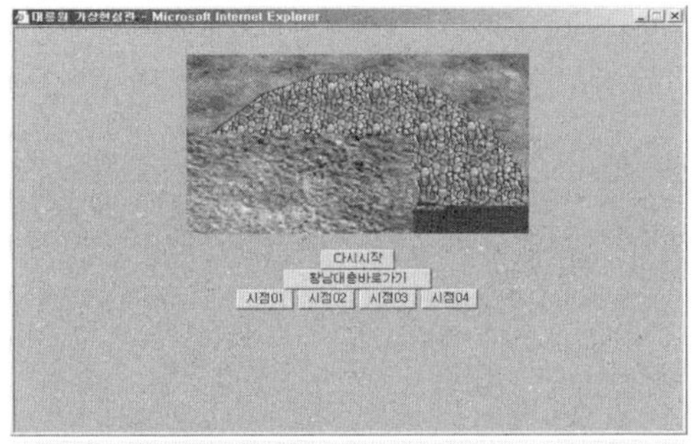

무덤으로 들어가는 최종 통로에 도착한 후에는 왼쪽이나 오른쪽 중에서 어떤 방향으로 들어가도 관계가 없다.

그림 4-28 천마총 내부 둘러보기 1

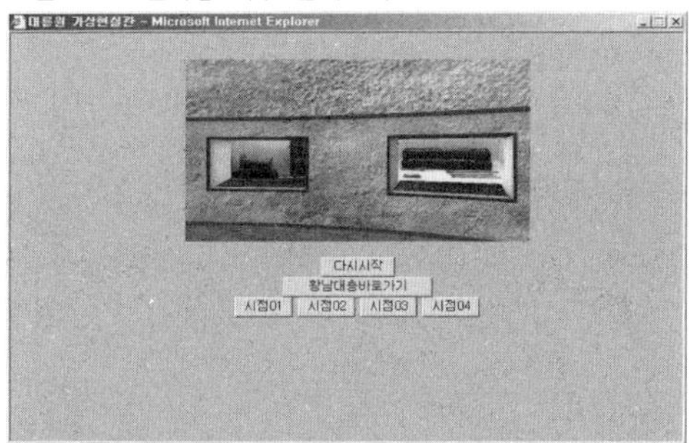

무덤 내부의 유물을 관람한다. 유물을 관람할 때 좌측과 우측으로 수평 이동할 때는 왼쪽 Shift 키를 누른 상태에서 방향키(좌측 수평이동 ← 우측 수평이동 →)로 이동하며, 마우스 왼쪽버튼을 누르지 않은 상태에서 좌회전, 우회전하는 방법(좌회전 ← 우회전 →)을 잘 이용하면 편리하다.

그림 4-29 천마총 내부 둘러보기 2

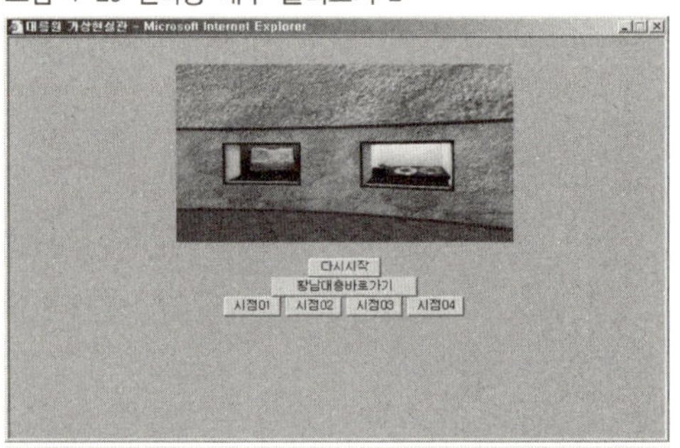

그림 4-30 천마총 내부 둘러보기 3

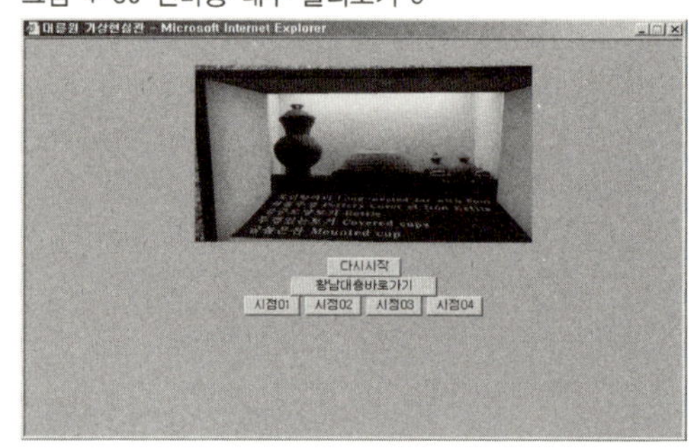

유물은 먼 위치에서 관람할 수도 있지만, 필요한 경우 가까이 접근하여 관람해도 된다.

그림 4-31 천마총 내부 둘러보기 4

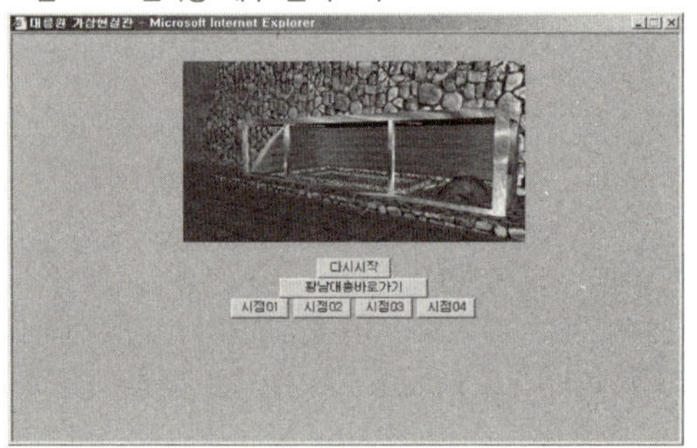

그림 4-32 천마총 내부 둘러보기 5

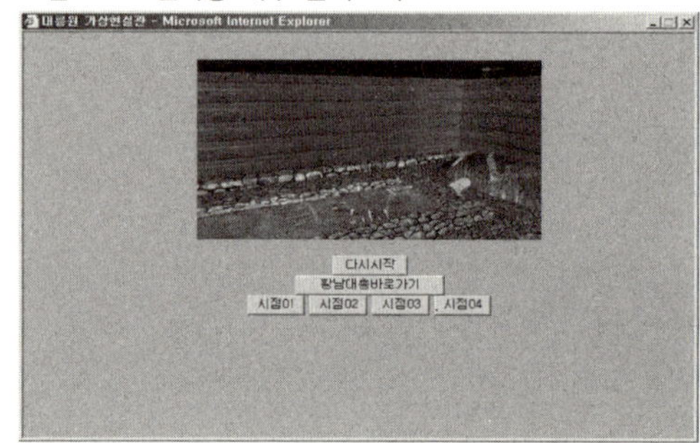

그림 4-33 천마총 내부 둘러보기 6

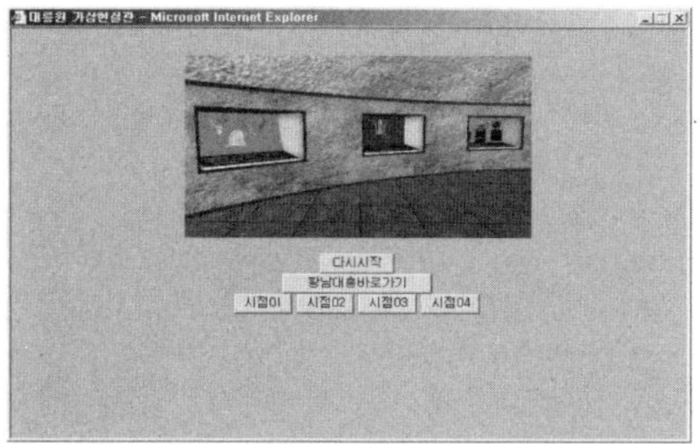

그림 4-34 천마총 내부 둘러보기 7

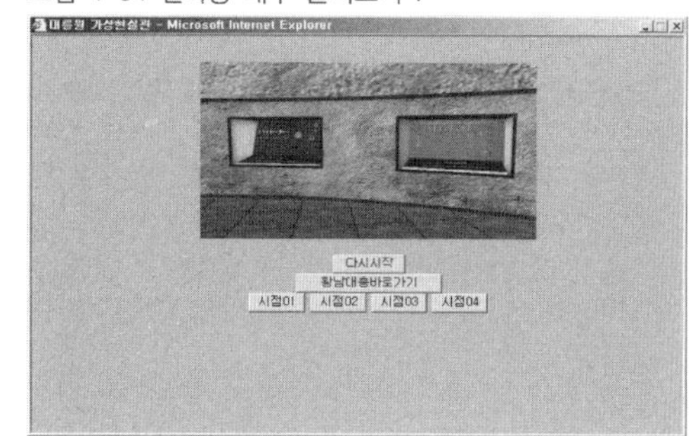

그림 4-35 천마총 출구로 나가는 화면 1

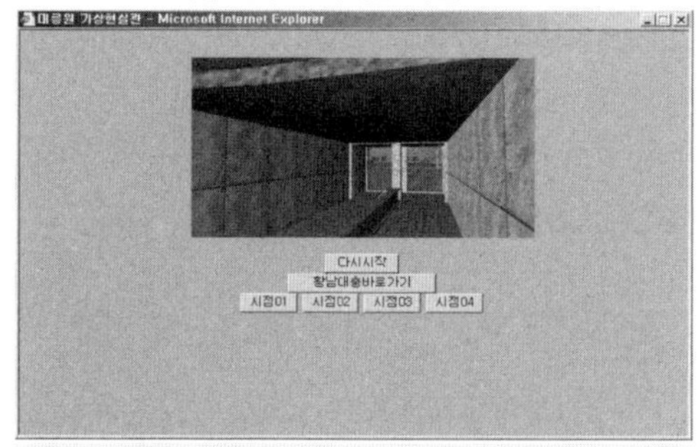

그림 4-36 천마총 출구로 나가는 화면 2

무덤 내부를 관람한 후에는 다시 무덤 밖으로 나갈 수 있다.
필요하면 표지판 표시를 따라 길을 따라서 이동하면 황남대
총을 이어서 관람할 수 있다.

❷ 황남대총 둘러보기

황남대총 가상현실관으로 가려면 어떻게 해야 하나요?

■ 황남대총 입구로 가기

황남대총 입구로 가는 방법은 ① 대릉원 정문에서 시작하여 황남대총으로 가는 방법과, ② 대릉원 가상현실관 초기화면에서 황남대총 바로가기 버튼을 클릭하여 황남대총으로 가는 방법이 있다. 그러나 ①방법은 천마총의 입구로 가기와 유사하므로 생략하고 ②방법만 소개한다.

그림 4-37 대릉원 입구 출발 화면

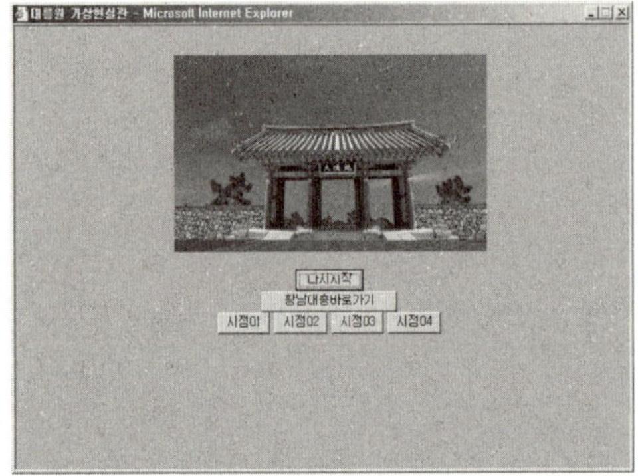

화면에서 황남대총바로가기 버튼을 클릭한다. 그러면 미리 지정된 길 안내에 따라 자동으로 황남대총 입구 표지판까지 이동된다.

그림 4-38 황남대총 표지판 앞 도착 화면

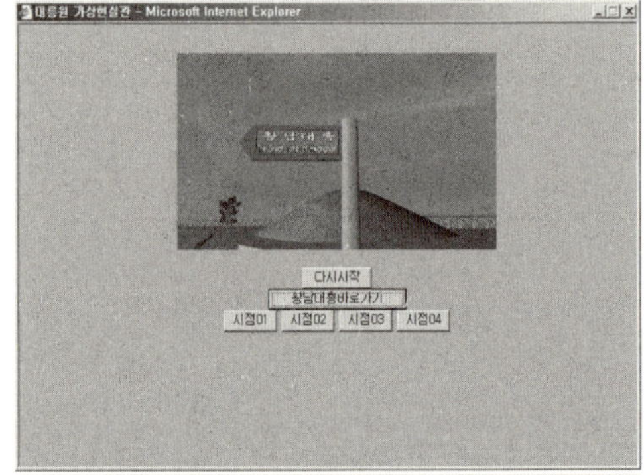

황남대총 입구에 도착한 화면이다.

황남대총 표지판에서 어떻게 내부로 들어가서 유물들을 관람하나요?

■ 황남대총 내부 관람하기

황남대총 가상현실관은 현재 봉분만이 있는 무덤을 가상현실 제품으로 제작된 것이다. 이제 황남대총 입구에 도착했으면 무덤 속으로 들어가 전시된 유물들을 관람하도록 하자.

그림 4-39 황남대총 입구로 들어가기 1

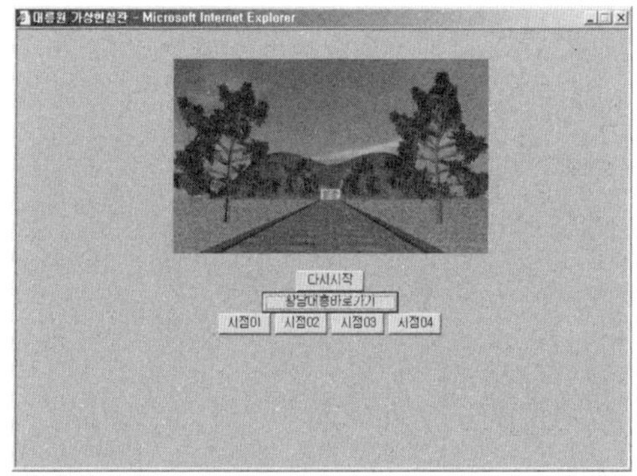

멀리 황남대총 입구가 보인다.

그림 4-40 황남대총 입구로 들어가기 2

황남대총 입구에 도착한 화면이다.

그림 4-41 황남대총 입구로 들어가기 3

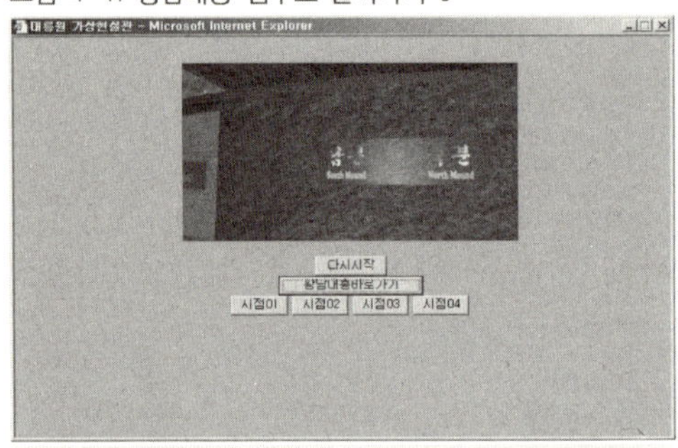

입구로 들어가면 남분(왼쪽)과 북분(오른쪽) 표지판이 보인다. 남분은 내물왕, 북분은 그의 부인 보반부인 김씨의 무덤인 것으로 알려지고 있다.

그림 4-42 황남대총 남분 내부 둘러보기 1 : 주곽과 부곽

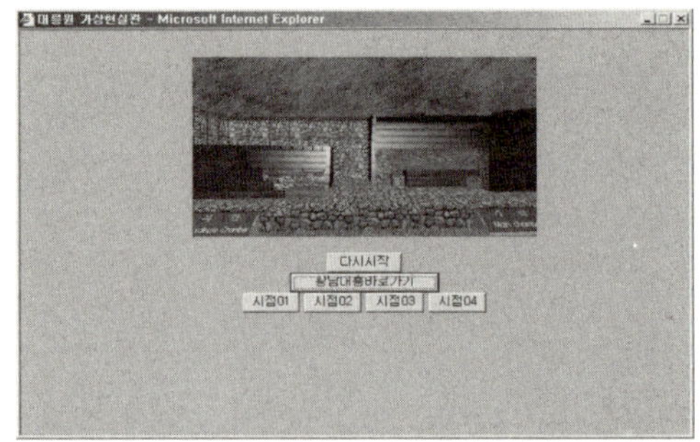

남분으로 들어가면 주곽과 부곽이 설치되어 있다.

그림 4-43 황남대총 남분 내부 둘러보기 2 : 주곽

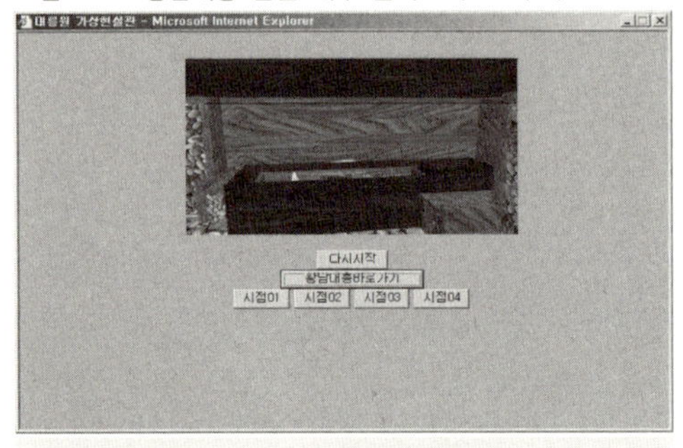

남분 주곽의 모습으로 피장자(앞)와 순장자(뒤)의 모습이 보인다.

그림 4-44 황남대총 남분 내부 둘러보기 3 : 부곽

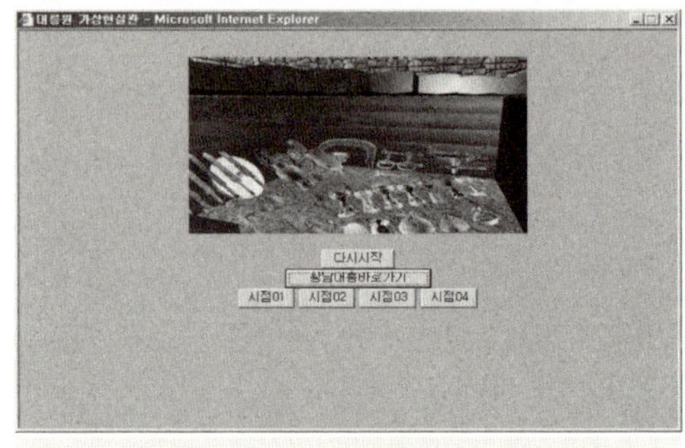

남분 부곽의 모습으로 출토된 유물을 전시해 놓고 있다.

그림 4-45 황남대총 북분으로 이동하기

남분을 관람한 후 북분으로 이동한다.

그림 4-46 황남대총 북분 내부 둘러보기 1

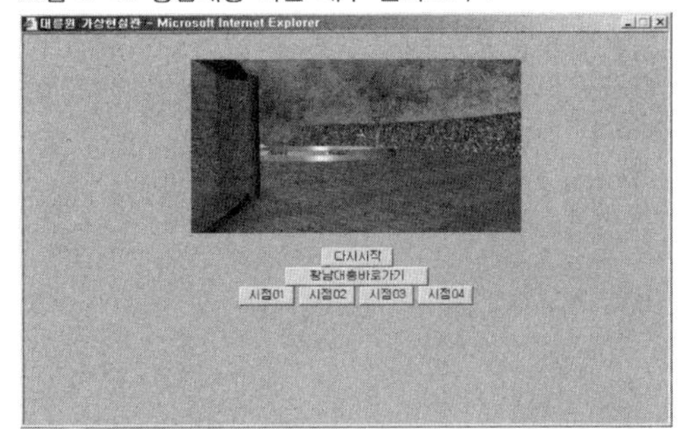

북분 내부로 들어온 화면이다.

그림 4-47 황남대총 북분 내부 둘러보기 2

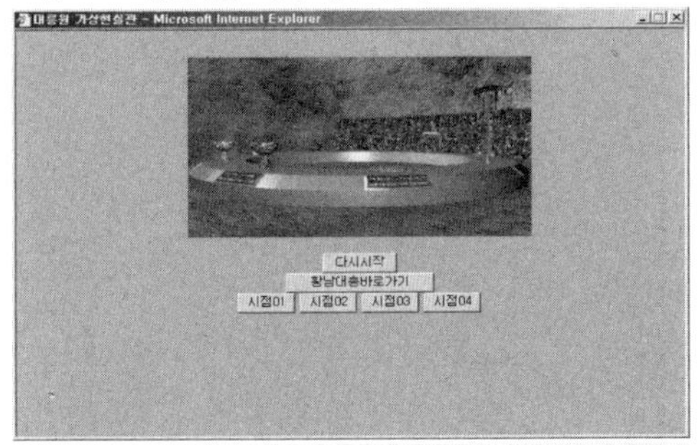

북분 안에 유물 전시를 위해 원형 전시대를 가상으로 마련
하였다.

그림 4-48 황남대총 북분 내부 둘러보기 3

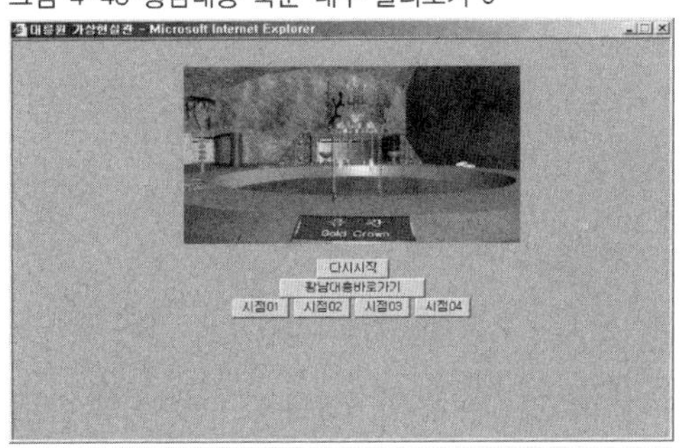

내부 전시물 중에서 금관을 가깝게 바라본 모습이다.

그림 4-49 황남대총 북분 내부 둘러보기 4

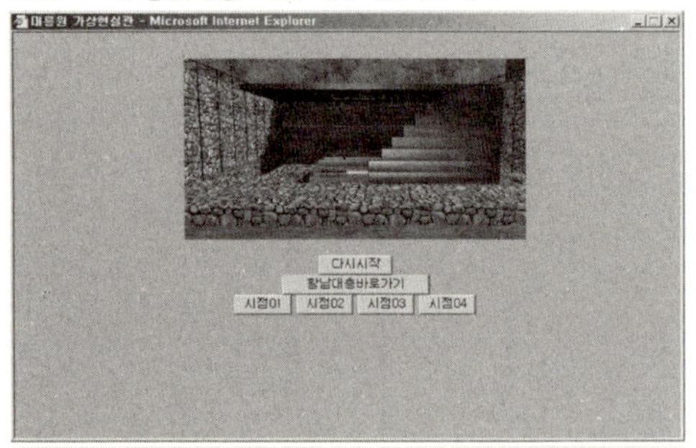

북분의 목곽 모습이며 남분과는 달리 부곽은 축조하지 않았다.

그림 4-50 황남대총 출구로 나가는 화면 1

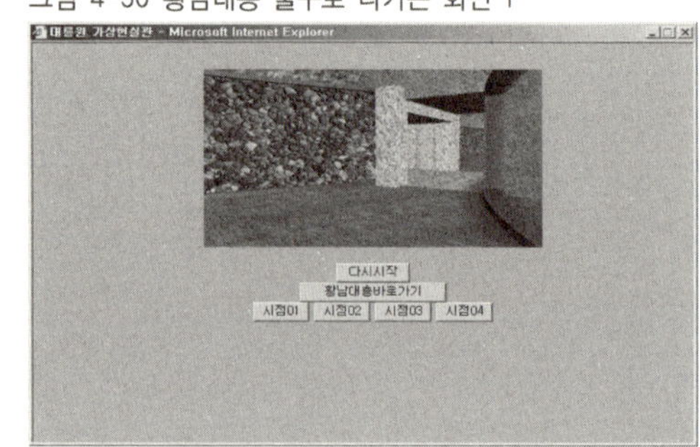

그림 4-51 황남대총 출구로 나가는 화면 2

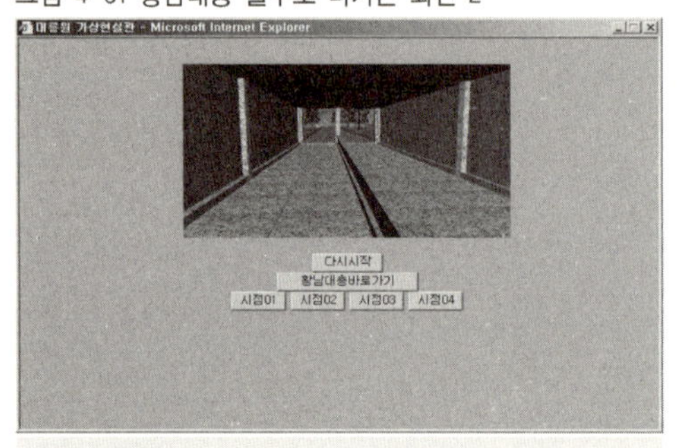

북분 관람을 마치고 출구로 나가는 화면이다.

그림 4-52 황남대총을 빠져나온 화면

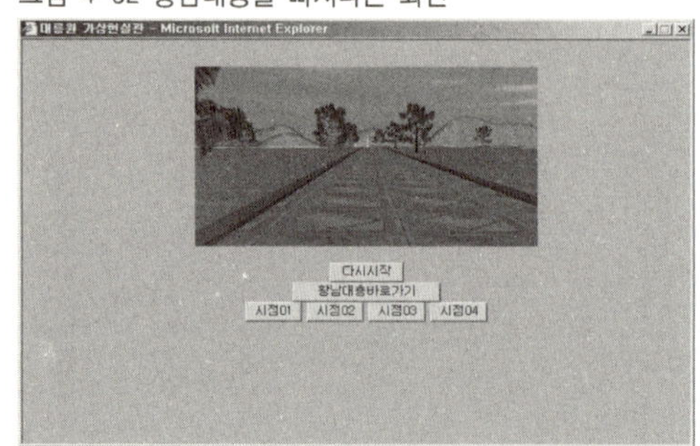

부록 I 재미있고 신나는 VR 문화여행

가상현실(Virtual Reality : VR) 제품은 크게 파노라마 VR과 객체 VR로 제작된다. 〈부록 I〉에서는 인터넷에 게재된 VR제품 중에서 경주지역 문화여행과 관련이 있는 몇 가지를 선정하여 소개한다. 독자들의 재미있고 신나는 VR 문화여행이 되기를 진심으로 바란다.

(1) 경주시청의 파노라마 VR 둘러보기

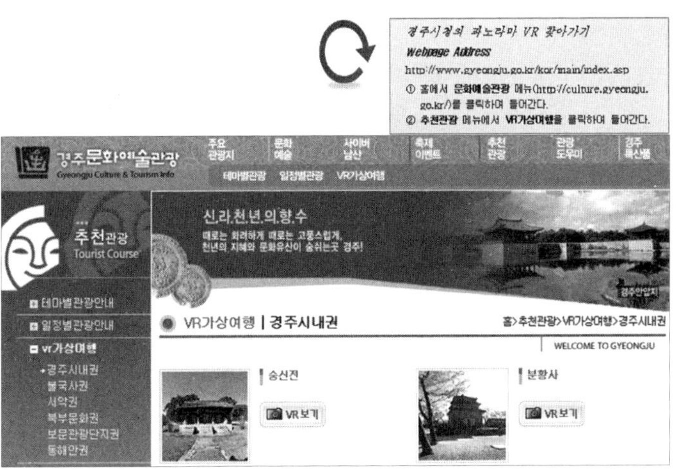

경주시청 홈페이지에서는 관할 문화재를 소개하기 위해서 문화예술관광 메뉴를 개설하고 있다. 특히 추천관광 메뉴의 VR가상여행에서는 경주시내권, 불국사권, 서악권, 북부문화권, 보문관광단지권, 동해안권으로 구분해 각종 문화정보에 대한 파노라마 VR을 제공하고 있다. 특히 경주시내권의 [대릉원, 천마총, 미추왕릉, 노서리고분군, 노동리고분군]과 서악권의 [무열왕릉, 금척리고분군] 그리고 동해안권의 [문무대왕릉] 등의 파노라마 VR은 꼭 둘러보기 바란다.

❶ 경주시내권 대릉원의 VR 둘러보기

부록 그림 1 대릉원 관람하기

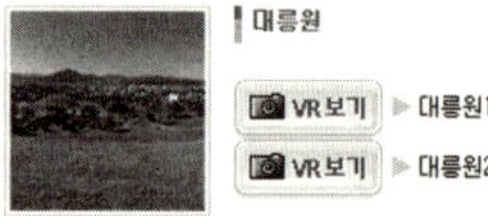

VR보기를 클릭하여 들어간 후 마우스와 키보드의 방향키를 이용하여 360도 좌우 상하로 돌려가면서, 크게 하거나 작게 하면서, 그리고 멈추거나 움직이면서 VR화면을 관람할 수 있다.

❷ 경주시내권 천마총의 VR 둘러보기

부록 그림 2 천마총 관람하기

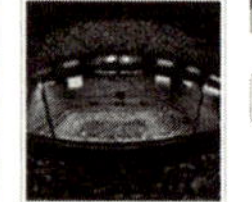

❸ 경주시내권 미추왕릉의 VR 둘러보기

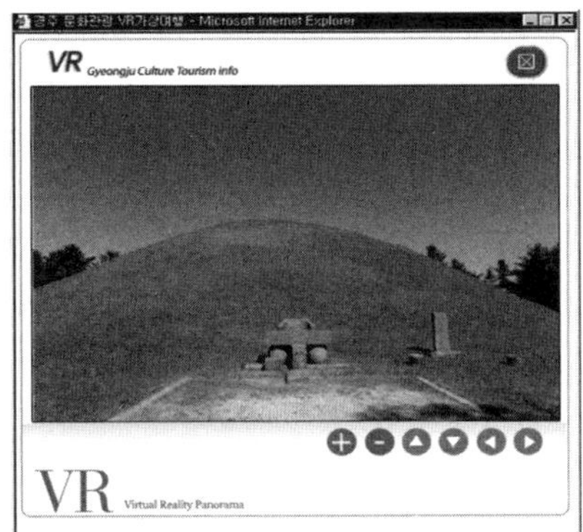

부록 그림 3 미추왕릉 관람하기

❹ 경주시내권 노서리고분군의 VR 둘러보기

부록 그림 4 노서리고분군 관람하기

❺ 경주시내권 노동리고분군의 VR 둘러보기

부록 그림 5 노동리고분군 관람하기

노동리고분군

VR 보기

❻ 서악권 무열왕릉의 VR 둘러보기

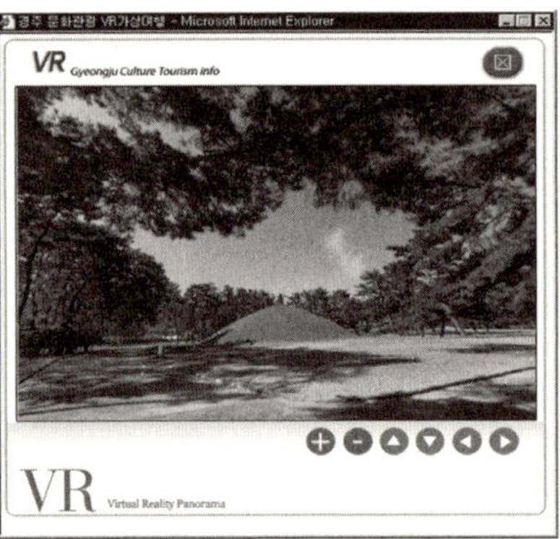

부록 그림 6 무열왕릉 관람하기

무열왕릉

VR 보기

❼ 서악권 금척리고분군의 VR 둘러보기

부록 그림 7 금척리고분군 관람하기

❽ 동해안권 문무대왕릉의 VR 둘러보기

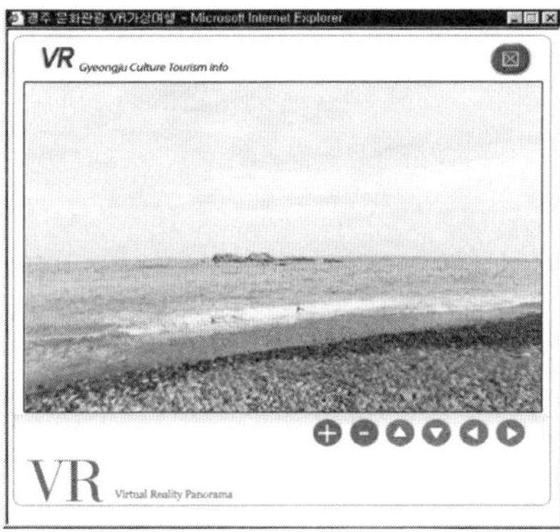

부록 그림 8 문무대왕릉 관람하기

175

(2) 문화재청의 파노라마 VR 둘러보기

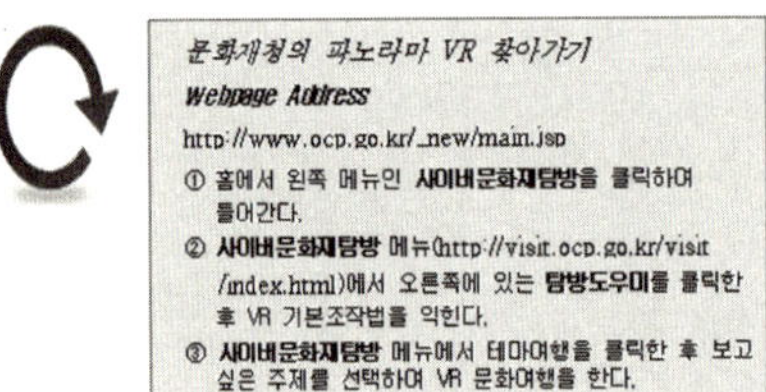

문화재청 홈페이지에서는 매우 다양하고 무궁무진한 주제에 대한 파노라마 VR를 제공하고 있다. 제공되는 주요 주제로는 한국의 세계유산, 고궁과 왕릉, 건축과 과학, 사상과 신앙, 역사, 자연유산, 시대, 한국의 옛 정취, 인물, 예술혼이다. 특히 고궁과 왕릉 주제에 있는 [조선의 왕릉을 찾아서]와, 시대 주제에 있는 [신라, 천년을 이어온 고도 경주–경주의 고분을 찾아서]에 대한 파노라마 VR제품에 대한 관람을 하기 바란다.

❶ 조선의 왕릉 VR 둘러보기

테마여행 전체목록에 있는 분류 중에서 [고궁·왕릉]에 있는 조선의 왕릉을 찾아서를 클릭하여 들어간다. 지도에서 보고 싶은 왕릉명을 클릭하면 VR 둘러보기 화면이 나타난다. 화면 하단에 있는 보고 싶은 위치의 번호를 클릭하면 파노라마 VR이 작동된다. 마우스와 키보드 조작을 통해 왕릉을 관람한다.

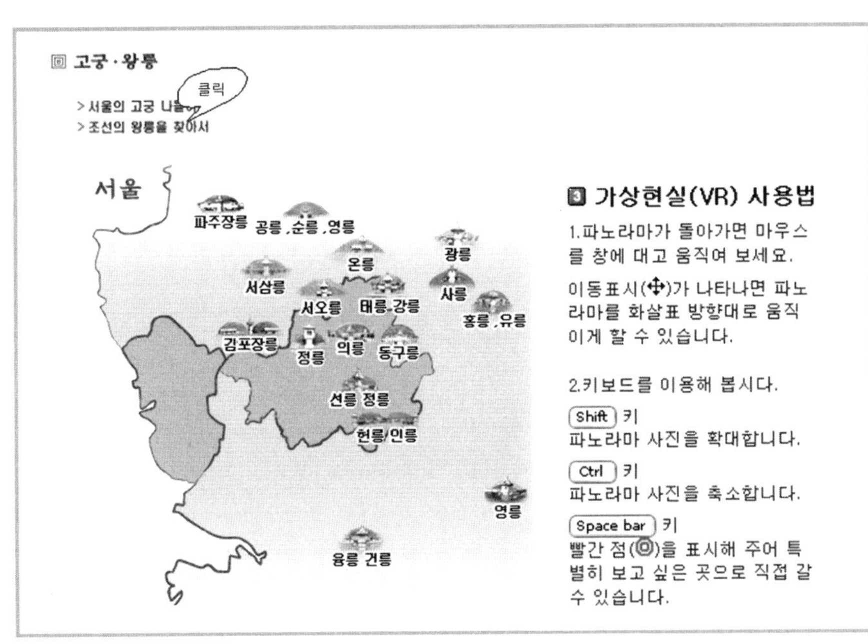

부록 그림 9 서오릉 관람하기

부록 그림 10 정릉 관람하기

❷ 경주의 고분 VR 둘러보기

테마여행 전체 목록에 있는 분류 중에서 시대 주제에 있는 [신라, 천년을 이어온 고도 경주－경주의 고분을 찾아서]를 클릭하여 들어간다. 지도에서 보고 싶은 왕릉명이나 고분군명을 클릭하면 VR 둘러보기 화면이 나타난다. 화면 하단에 있는 보고 싶은 위치의 번호를 클릭하면 파노라마 VR이 작동된다. 마우스와 키보드 조작을 통해 왕릉을 관람한다.

◉ 시대

> 선사시대 사람들의 생활모습을 찾아서
> 고인돌여행
> 신라, 천년을 이어온 경주
  - 경주의 고분을 찾아서
  - 땅위에 새겨진 불교의 세계 [경주의 불교유적]
  - 천년세월과 함께한 신라의 문화유산
  - 천년의 이상세계 경주남산
    [동남산 코스] [서남산 코스]
> 찬란한 백제의 향기
  - 백제, 사라진 왕국의 역사 [부여]
  - 백제인의 기백, 백제인의 문화 [공주]
  - 못다이룬 백제인의 꿈 [익산]
  - 백제인의 자취 [한성]
> 잊혀진 왕국 가아

◉ 가상현실(VR) 사용법

1. 파노라마가 돌아가면 마우스를 창에 대고 움직여 보세요.

이동표시(✥)가 나타나면 파노라마를 화살표 방향대로 움직이게 할 수 있습니다.

2. 키보드를 이용해 봅시다.

[Shift] 키
파노라마 사진을 확대합니다.

[Ctrl] 키
파노라마 사진을 축소합니다.

[Space bar] 키
빨간 점(◉)을 표시해 주어 특별히 보고 싶은 곳으로 직접 갈 수 있습니다.

부록 그림 11 황남대총 관람하기

부록 그림 12 탈해왕릉 관람하기

부록 그림 13 노동리고분군 관람하기

부록 그림 14 황남동고분군 관람하기

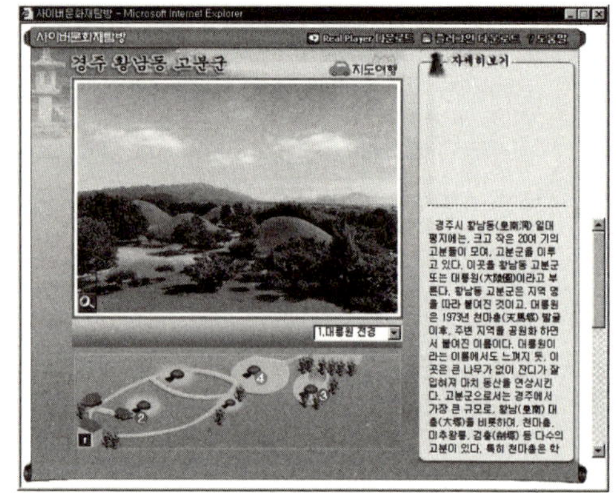

부록 그림 15 괘릉 관람하기

부록 그림 16 선덕여왕릉 관람하기

(3) 고경래 교수의 메타포 VR 경주탐방

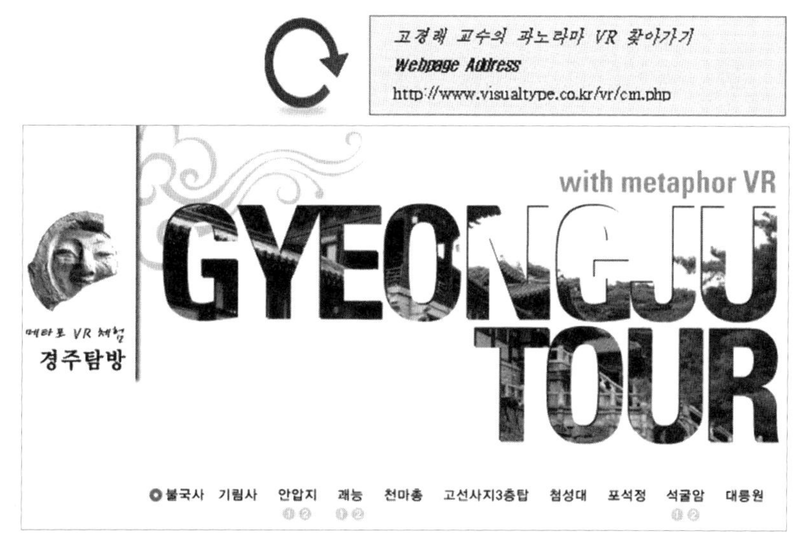

    고경래 교수의 홈페이지 〈GYEONGJU TOUR〉에서는 경주에 소재하고 있는 문화재를 중심으로 한 파노라마 VR를 제공하고 있다. VR제품의 특징은 불국사의 경우 상세하게 촬영하였으며, 화질이 선명하여 관람하기가 용이하다는 점이다. 제공되는 주요 VR로는 불국사, 안압지, 괘릉, 천마총, 고선사지3층탑, 첨성대, 포석정, 대릉원이다.

VR 조작을 위한 메뉴 상세 설명

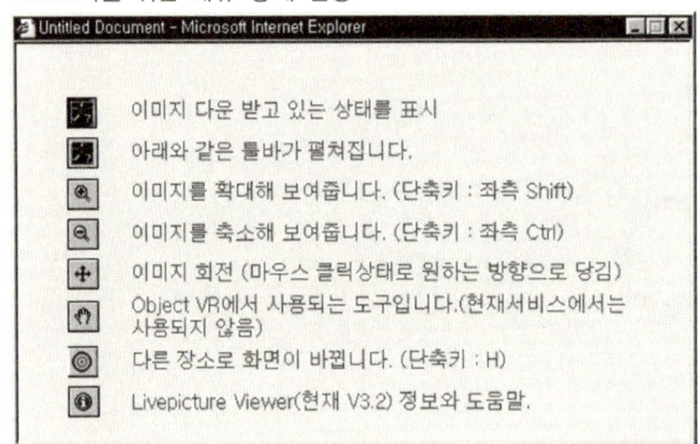

❶ 불국사의 VR 둘러보기

부록 그림 17 불국사 관람하기

❷ 안압지의 VR 둘러보기

부록 그림 18 안압지1 관람하기

부록 그림 19 안압지2 관람하기

❸ 괘릉의 VR 둘러보기

부록 그림 20 괘릉1 관람하기

부록 그림 21 괘릉2 관람하기

❹ 천마총의 VR 둘러보기

부록 그림 22 천마총 관람하기

❺ 고선사지3층탑의 VR 둘러보기

부록 그림 23 고선사지3층탑 관람하기

❻ 첨성대의 VR 둘러보기

부록 그림 24 첨성대 관람하기

❼ 대릉원의 VR 둘러보기

부록 그림 25 대릉원 관람하기

(4) 사이버 국립경주박물관의 객체 VR 둘러보기

 **국립경주박물관 사이버박물관의 객체 VR 찾아가기**

Webpage Address ➡ http://gyeongju.museum.go.kr/
① 홈에서 전시실 메뉴 사이버전시를 클릭하여 들어간다.

② 국립경주박물관 팝업창이 뜬다. 여기에서 [사이버박물관 입장]을 클릭한다.
③ 입장을 위한 보조창에서 자신의 아이디와 메일 주소를 입력하고 [확인] 버튼을 클릭
   한다. 아이디는 자신의 영문이름을 적어넣어도 된다.

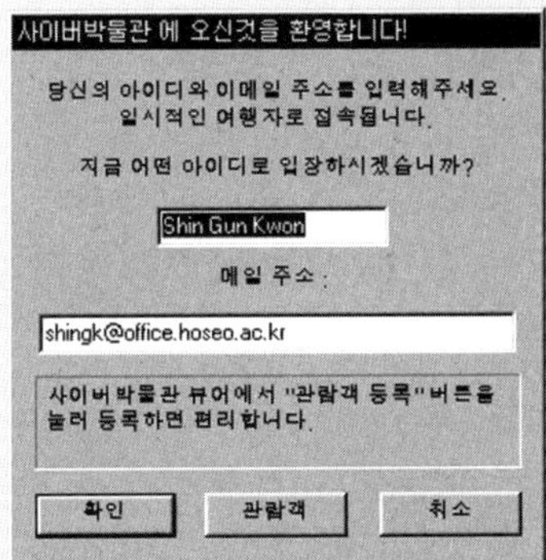

④ 사이버박물관 화면에서 오른쪽에 있는 [Map]을 클릭하여 안내 MAP이 나오면 원하는
   번호를 클릭하여 사이버전시실로 이동한다.

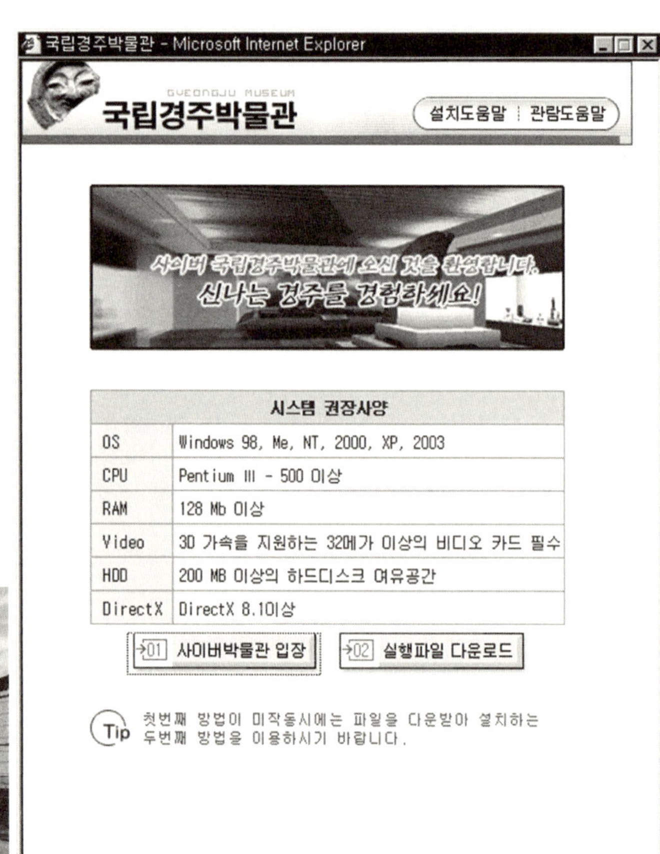

시스템 권장사양	
OS	Windows 98, Me, NT, 2000, XP, 2003
CPU	Pentium III - 500 이상
RAM	128 Mb 이상
Video	3D 가속을 지원하는 32메가 이상의 비디오 카드 필수
HDD	200 MB 이상의 하드디스크 여유공간
DirectX	DirectX 8.1이상

안내 Map

안내 Map에 표시된 번호를 클릭하면 해당 사이버전시실로 이동된다. 그러면 키보드 방향
키와 마우스를 이용하여 전시실을 다양한 방식으로 관람할 수 있다.

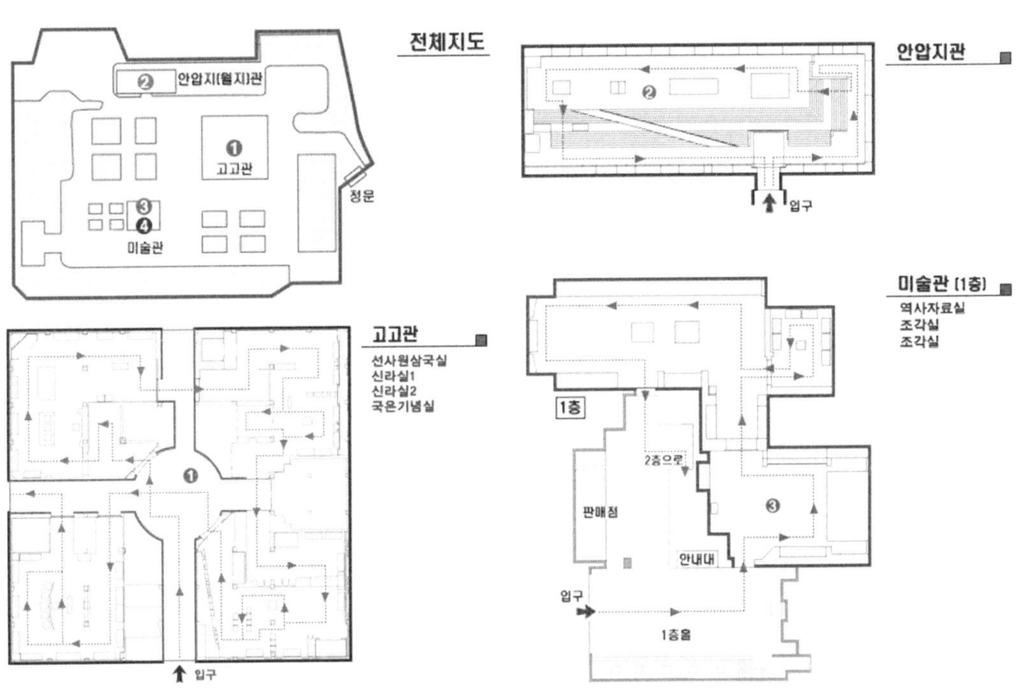

객체 VR의 관람을 위한 도움말

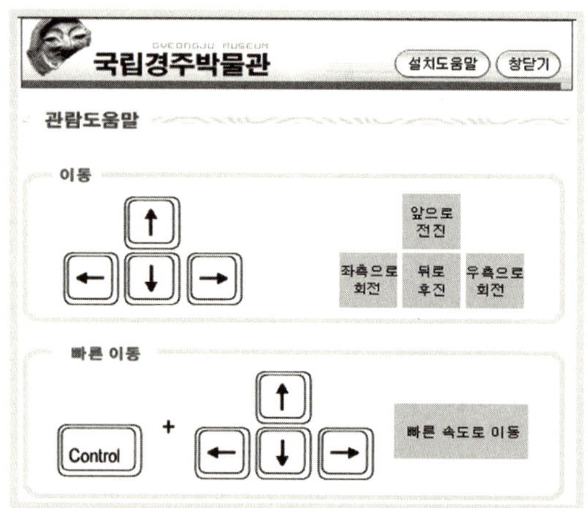

위치

전시실 어느 위치에 서 있는지
오른쪽 웹창에 있는 약도를
보면 알수 있습니다.

2D 유물클릭

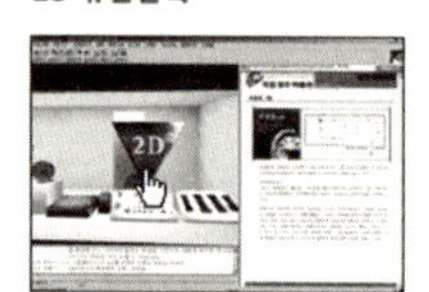

유물케이스의 2D유물을
클릭하면 자세한 정보가
오른쪽 웹 창에 나타납니다.

3D 유물클릭

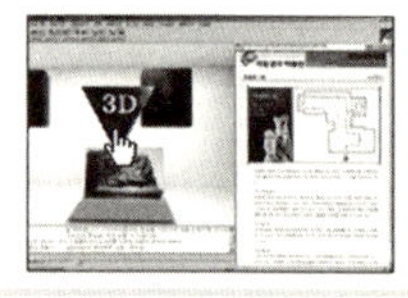

유물케이스의 3D유물을
클릭하면 자세한 정보가
오른쪽 웹 창에 나타납니다.

판넬클릭

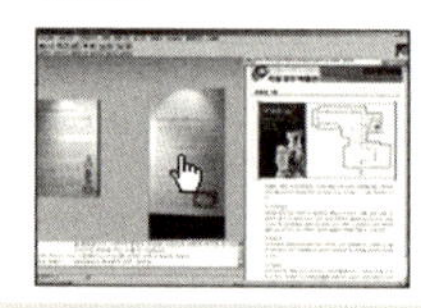

유물케이스 및 벽면의
판넬을 클릭하면 자세한 정보가
오른쪽 웹 창에 나타납니다.

아바타와 함께 사이버박물관 둘러보기

사이버박물관 상단 메뉴의 아바타를 클릭하면 아바타 Dong gun과 Han na를 선택할 수 있다. 아바타를 선택하면 객체 VR 작동시 아바타와 함께 사이버 문화여행을 할 수 있다.

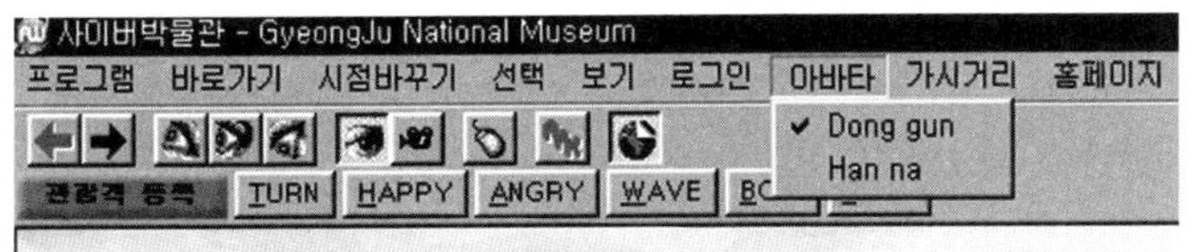

객체 VR의 키보드 조작법

객체 VR로 제작된 사이버 국립경주박물관은 키보드와 방향키에 대한 조작에 의해 관람할 수 있다. 박물관 홈페이지의 오른쪽에 있는 [Help]를 클릭한다. 그러면 [1]에서 [11]까지의 키보드 조작법이 나타난다.

전국에 있는 사이버박물관 둘러보기

전국 시도에 소재하고 있는 사이버박물관의 객체 VR에 연결할 수 있다. 시도를 클릭하면 개설되어 있는 박물관이 나타나며, 해당 박물관을 다시 클릭하면 사이버박물관을 들어갈 수 있다. 키보드와 마우스 조작을 통해 관람하면 된다.

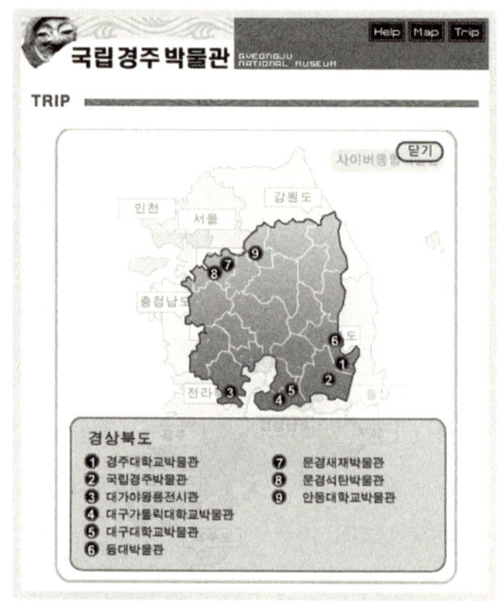

❶ 고고관의 VR 둘러보기

사이버박물관은 크게 고고관, 안압지관, 미술관으로 구성되어 있다. 고고관을 둘러보기 위해서는 안내 Map을 클릭한 후 전체지도에서 ❶ 고고관을 클릭한다. 고고관에 입장하면 바닥에 표시되어 있는 안내방향 표시에 따라 키보드와 마우스 조작을 통해서 관람할 수 있다. 고고관은 선사원삼국실, 신라실1, 신라실2, 국은기념실로 구성되어 있다. 고고관의 우측 상단에 있는 이 클릭되어 있으면 음성을 청취할 수 있다.

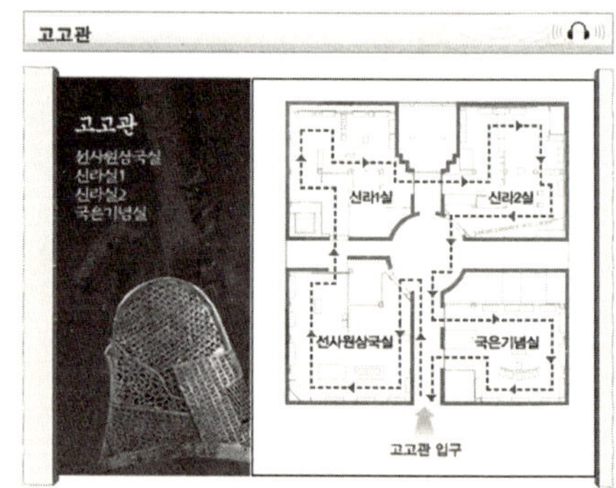

부록 그림 26 고고관 관람하기 1

참고사항 : 3D 표시되어 있는 유물의 경우에는 클릭하여 해당 유물을 이용자가 돌려가면서 〈부록 그림 27〉과 같이 작동시켜 볼 수 있다.

부록 그림 27 고고관 관람하기 2

부록 그림 28 고고관 관람하기 3

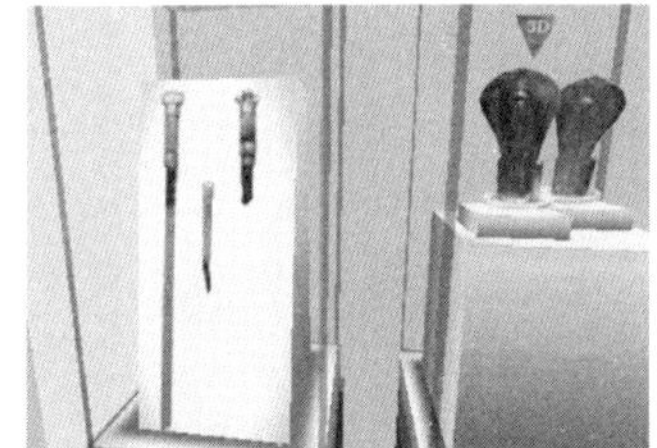

부록 그림 29 고고관 관람하기 4

❷ 안압지관의 VR 둘러보기

안압지관을 둘러보기 위해서는 안내 Map을 클릭한 후 전체지도에서 ❷ 안압지관을 클릭한다. 안압지관에 입장하면 바닥에 표시되어 있는 안내방향 표시에 따라 키보드와 마우스 조작을 통해서 관람할 수 있다.

부록 그림 30 안압지관 관람하기 1

부록 그림 31 안압지관 관람하기 2

부록 그림 32 안압지관 관람하기 3

❸ 미술관의 VR 둘러보기

미술관을 둘러보기 위해서는 안내 Map을 클릭한 후 전체 지도에서 **❸ ❹** 미술관(1층, 2층)을 클릭한다. 미술관에 입장하면 바닥에 표시되어 있는 안내방향 표시에 따라 키보드와 마우스 조작을 통해서 관람할 수 있다.

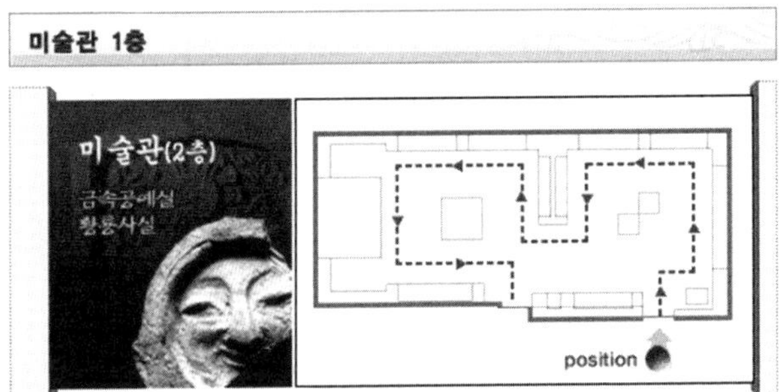

부록 그림 33 미술관 관람하기 1

부록 그림 34 미술관 관람하기 2

부록 그림 35 미술관 관람하기 3

부록 그림 36 미술관 관람하기 4

부록 그림 37 미술관 관람하기 5

ㄱ

- **가상현실**(Virtual Reality : VR) 가공의 세계에 현실감을 가지게 하는 기술
- **각간**(角干) 신라의 최고 관급. 신라 17관등제와는 별도로 정해진 상대등 및 각간은 진골만이 할 수 있는 벼슬로 최고 관위 중의 하나였음.
- **갈문왕**(葛文王) 왕의 아버지(왕위에 오르지 못한 경우), 왕의 장인, 왕의 외조부, 왕의 동생 등에게 부여한 직위
- **갑석**(甲石) 대석(臺石) 위에 올려놓는 돌. 돌 위에 뚜껑처럼 포개어 얹어 놓은 납작한 돌
- **갑주**(甲胄) 전투시에 착용하여 몸을 보호하는 방어 · 호신용의 옷
- **개배**(蓋杯) 뚜껑 접시
- **객체VR**(Object Virtual Reality : OVR) OVR은 PVR과 반대되는 개념으로 객체를 회전시키면서 볼 수 있는 형태
- **거서간**(居西干) 왕의 호칭으로 신라 시조 박혁거세만 사용(제1대)
- **검총**(劍塚) 대릉원 안에 있는 제100호분
- **경식**(頸飾) 가슴 쪽을 장식하기 위해 목에 걸어 늘어뜨리는 꾸미개(목걸이)
- **경주역사유적지구** 경상북도 경주시 일원에 흩어져 있는 신라시대의 유적을 지구(地區) 단위로 분류한 역사유적지구
- **경판**(鏡板) 말을 제어하기 위한 재갈(입을 막는 도구)
- **계림**(鷄林) ① 시림(始林)이라고도 함. 반월성 근처의 숲으로 김알지가 태어난 곳, ② 신라의 다른 이름, ③ 경주의 다른 이름

- **고배(高杯)** 굽이 달린 접시(손잡이 부분이 긴 잔, 굽다리접시)
- **고분(古墳)** 옛 무덤 가운데 원삼국시대, 삼국시대에 이루어진 무덤
- **고분군(古墳群)** 오래된 무덤이 집단을 이룬 곳(경주 황남동, 노서동, 노동동, 선도산, 금척리 등에 고분군이 있음)
- **고인돌** 탱석. 선사시대의 유물인 무덤의 한가지. 큰 돌을 두서너 개 세우고 그 위에 넓적한 돌을 얹었음.
- **곡옥(曲玉)** 초승달 모양으로 굽은 옥으로 신라 유물에 많이 부착되어 있음.
- **골품제도(骨品制度)** 신라 때 혈통의 높고 낮음에 따라 관직 진출, 혼인·의복·가옥 등 사회생활 전반에 걸쳐 규제를 한 신분제도. 『삼국사기』, 『삼국유사』에 따르면 성골은 처음의 박씨 7왕, 석씨 8왕, 김씨 13왕으로 진덕여왕(眞德女王) 때까지 서로 혈족 결혼을 하며 순수한 성골을 지켜 왕위를 독점하였으나, 태종무열왕(太宗武烈王) 때부터는 성골 출신의 왕은 없어지고 마지막 경순왕(敬順王)까지 진골(眞骨) 출신의 왕으로 세습(世襲)되었음.
- **골호(骨壺)** 화장한 뼈를 담은 항아리
- **과대(銙帶)** 직물로 된 띠의 표면에 금속판을 붙여 만든 허리띠
- **관(冠)** 머리에 쓰는 관모(冠帽) 중에 솟은 장식(立飾)이 달린 것
- **관(棺)** 주검을 넣는 궤(널)
- **관(棺)과 곽(槨)** 관은 시신만 들어가는 것이고, 곽은 시신과 부장품이 함께 들어가는 것을 말함.
- **관문성(關門城)** 경북 경주시 외동읍(外東邑) 모화리(毛火里)와 울산 울주군 범서면(範西面) 두산리(斗山里) 사이에 있는 산성
- **괘릉(掛陵)** 외동읍 괘릉리 소재. 원성왕릉(785~798년)으로 추정

- **구정동 방형분**(方形墳) 경주시 구정동에 위치하고 있는 경주지역에서 유일한 방형분
- **굴식돌방무덤**(橫穴式石室墳, **횡혈식석실분**) 판모양의 돌·깬돌[割石]을 이용하여 널을 안치하는 방을 만들고 널방벽의 한쪽에 외부로 통하는 출입구를 만든 뒤 봉토를 씌운 무덤
- **굴장**(屈葬) 시체의 팔다리를 굽힌 자세로 매장하는 일
- **궁륭**(穹窿) 무지개 같이 높고 길게 굽은 형상(아치형)
- **궁성**(宮城) 임금이 사는 성을 말하며 금성, 반월성 등이 이에 해당함
- **금관**(金冠) 금으로 만든 모자(왕관)
- **금관총**(金冠塚) 노서동 고분군에 위치하고 있는 무덤
- **금동관**(金銅冠) 동으로 만들어 금을 도금한 모자(왕관)
- **금령총**(金鈴塚) 노동동 고분군에 있는 무덤
- **금성**(金城) 기원전 37년에 양산촌(지금 경주시내)에 새로 지은 궁성으로 기원전 33년에 박혁거세가 여기로 이궁함
- **금입택**(金入宅) 귀족저택(신라시대에 반월성 주위에 많이 존재하였음)
- **금제곡옥**(金製曲玉) 금으로 만들어진 곱은옥
- **금척리 고분군** 건천읍 금척리에 있는 30여 기의 무덤

ㄴ

- **나성**(羅城) 왕도와 주변을 경계 짓는 성
- **나정**(蘿井) 신라시조 박혁거세거서간의 탄생장소로 서남산 자락에 소재
- **내관**(內棺) 시신을 안치하는 외관 안의 또 다른 널(시신을 넣는 상자)

- **노동동 고분군(路東洞古墳群)** 봉황대, 금령총, 식리총이 포함된 노동동의 여러 무덤을 총칭
- **노서동 고분군(路西洞古墳群)** 금관총, 서봉청, 호우총, 은령총, 옥포총, 쌍상총, 우총, 마총이 포함된 노서동의 여러 무덤
- **능(陵)** 임금이나 왕후의 무덤
- **능, 묘, 총, 전(傳)○○왕릉** 능(陵)은 왕과 왕비의 무덤을, 묘(墓)는 주인을 알 수 있는 무덤일 때, 총(塚)은 누구의 무덤인지 모를 때, 전(傳)은 누구의 무덤인지 모르지만 추정된 경우에 사용

ㄷ

- **다곽식 구조(多槨式 構造)** 주곽과 부곽이 있는 무덤 구조
- **단곽식 구조(單槨式 構造)** 주곽만 있는 무덤 구조
- **당간지주(幢竿支柱)** 당간(기의 일종)을 달아두는 기둥
- **대릉원(大陵園)** 천마총, 황남대총, 미추왕릉 등이 있는 고분공원
- **대왕암(大王岩)** 경주시 양북면 봉길리 감포 앞 바다에 있는 문무왕의 수중왕릉. 죽어서도 용이 되어 신라를 지키겠다는 문무왕의 염원이 담긴 수중 바위무덤
- **덧널(혹은 곽, 槨)** 널(棺)을 넣기 위하여 따로 짜 맞춘 시설
- **도솔가(兜率歌)** ① 신라 유리왕 때 지었다는 노래(향가)로 작자·연대 미상으로, 가악(歌樂)의 시초라고 함(『삼국사기』에 실려 전함). ② 신라 경덕왕 때 월명사(月明師)가 지은 4구체 향가(『삼국유사』에 실려 전함)
- **독(甕)** 아가리 지름에 비해 그릇 높이가 높고 중배가 조금 부른 토기
- **독서삼품과(讀書三品科)** 신라시대의 관리등용방법. 788년에 설치된 일종의 과거제도였음. 그 설

치 의도는 신라 하대에 들어서 유명무실해진 국학의 기능을 강화하려는 면이 있었음

• **돌무덤** 돌을 쌓아 올려 이룩한 높은 무덤

• **돌무지덧널무덤**(積石木槨墳, **적석목곽분**) 지하에 무덤광을 파고 상자형 나무덧널을 넣은 뒤 그 주위와 위를 돌로 덮은 다음 다시 그 바깥을 봉토로 씌운 신라 귀족의 특수무덤

• **돌방무덤**(石室墳) 널길(羨道)을 갖춘 굴식돌방(橫穴式石室)을 판돌·깬돌을 이용하여 반지하 또는 지면 가까이에 축조한 무덤

• **동경잡기**(東京雜記) 연대 및 작자 미상의 '동경지'를 민주면, 이채 등이 1669년 증수하고 1845년 성원묵이 증보간행. 경주에 대한 여러 가지를 기술한 책

• **등자**(鐙子) 말안장의 발걸이

• **디지털세대**(N세대) 인터넷(Internet)을 자유자재로 사용할 수 있는 세대

• **디지털콘텐츠**(Digital Contents) 유무선 전기 통신망에서 사용하기 위해 부호·문자·음성·음향 이미지·영상 등을 디지털 방식으로 제작, 처리, 유통하는 자료, 정보 등을 말함

ㅁ

• **마구**(馬具) 말갖춤(말에 장식으로 부착하거나 말을 부릴 때 쓰는 연장)

• **마립간**(麻立干) 신라 왕의 호칭. 제17대~제21대왕 기간에 사용됨(356~499년). 이 시대 왕의 무덤 양식은 적석목곽분임

• **마총**(馬塚) 노서동 고분군에 있는 제133호분. 횡혈식 석실분. 통일 초기로 추정

• **마탁** 말 방울

• **막새**(기와) 건물의 처마부분이 비에 노출되지 않게 막아주는 기와.

예) '신라인의 미소'가 있는 기와는 수막새의 일부

- **만파식적(萬波息笛)** 신라시대 보물의 하나. 피리(대금). 이 피리를 불면 모든 우환 근심이 사라지고 적들이 물러간다고 함.
- **말다래** 장니(障泥)라고도 하며 말 탄 사람에게 진흙이 튀지 않게 하기 위해 말안장에서 양쪽으로 늘어뜨리어 놓은 물건
- **말안장** 말의 등에 얹어서 앉기 쉽게 하는 것
- **망주석(望柱石)** 무덤 앞에 세워져 있는 돌촛대
- **매장문화재(埋藏文化財)** 지하 등에 묻혀 있는 유형 문화재(有形文化財)
- **면석(面石)** 석탑의 탑신이 외부와 접한 면
- **목곽부(木槨部)** 무덤 내부에 둔 목곽과 목곽 내 목관과 부장품수장부를 가지고 있는 부분
- **묘제(墓制)** 묘에 관한 관습(慣習)이나 제도
- **무덤(墓)** 무덤의 내부에 따른 분류로는 ① 목곽분, ② 석실분이 있으며, 경주지역에는 적석목곽분이 많으며(통일이전), 석곽분에는 불국사역 앞 방형분이 있다. 봉토의 모양에 의한 분류는 ① 원형분, ② 표형분, ③ 방형분이 있다. 원형분에는 ① 단순원형, ② 드물게 호석이 있는 형, ③ 석물로 단을 쌓은 형, ④ 12지가 조각된 호석으로 둘러져 있는 형이 있음.
- **무인석(武人石)** 능 앞에 세우는 무관(武官) 형상(形像)으로 된 돌
- **문인석(文人石)** 능 앞에 세우는 문인 형상(形像)으로 된 돌
- **미추왕릉(未鄒王陵)** 대릉원 안에 있는 미추왕(재위 262~284년)의 무덤

- **반월성**(半月城) 신라시대 왕궁터이며, 신라시대 문헌에는 월성(月城), 신월성(新月城)으로 나옴.
- **방**(坊) 신라 왕경 행정구역의 기본단위로 대략 8,000평 정도의 네모난 바둑판 모양
- **방형분**(方形墳) 네모 모양의 무덤
- **배**(杯) 잔
- **병부**(兵部) 신라 때, 군사에 관한 일을 맡아보던 관청
- **봉토**(封土) 무덤 위를 둥글게 쌓아 올린 흙
- **봉토부**(封土部) 무덤 위를 흙으로 둥글게 쌓아 올린 부분
- **부곽**(副槨) 부장품을 두는 부분
- **부장**(副葬) 임금이나 귀족의 장례 때, 죽은 이가 생전에 쓰던 기구나 세간 따위를 시체와 함께 묻는 일
- **부장품**(副葬品) 껴묻거리(장례를 지낼 때 무덤에 넣어 같이 묻는 물건)

- **사능**(蛇陵) 오릉의 다른 이름
- **사로국**(斯盧國) 사로(신라의 전신), 기원 전 57년에 경주평야에 형성된 국가
- **사로육촌**(六村) 알천 양산촌, 돌산 고허촌, 무산 대수촌, 취산 진지촌, 금산 가리촌, 명활산 고야촌을 말하며, 서라벌 성립 당시의 여섯 마을(세력집단). 유리왕 때 6부로 바뀜.
- **사성**(莎城) 무덤 뒤를 반달모양으로 두둑하게 둘러싼 토성

- **사절유택**(四節游宅) 계절에 따라 풍취를 느낄 수 있는 주택
- **삼국사기**(三國史記) 고려(인종) 시대 김부식 등이 1,145년에 저술한 삼국의 역사책, 삼국시대 정사(正史) 기술
- **삼국사절요**(三國史節要) 조선 전기에 서거정(徐居正) 등이 편년체(編年體)로 편찬한 단군조선에서 삼국까지의 역사서
- **삼국유사**(三國遺事) 고려시대 김부식의 삼국사기 이후 일연 스님이 1,281년경에 불교를 중심으로 엮은 역사책
- **삼국통일**(三國統一) 676년 문무왕 때 당의 안동도호부를 한반도에서 몰아냄으로써, 현재 대한민국의 토대를 이룬 역사적 사실
- **삼릉**(三稜) 경주시 배동 냉골(삼릉골) 어귀에 있는 3개의 무덤. 아달라왕(阿達羅王, 154~184년), 신덕왕(神德王, 912~917년), 경명왕(景明王, 917~924년)의 무덤
- **상고시대**(上古時代) 역사 시대로 가장 오랜 시대
- **상대등**(上大等) 신라 최고의 관직
- **서라벌**(徐羅伐) 신라의 옛 이름(아침 해가 맨 먼저 비치는 성스러운 땅(벌판)의 의미)
- **서봉총**(瑞鳳塚) 노서동 고분군에 있으며, 봉황장식의 금관, 장신구, 유리제품, 토기가 출토됨. 1926년 발굴(제129호분)
- **서악동** 고분군 태종무열왕릉 후면 구릉에 위치하는 고분군
- **서역인**(西域人) 중국의 서쪽에 있던 여러 나라의 사람. 서방지역의 사람의 총칭
- **석겸**(石鎌) 돌로 만든 낫
- **석부**(石斧) 돌도끼

- **석상**(石床) 혼유석. 상석
- **석실분**(石室墳) 돌방무덤(널길이 달린, 돌로 쌓아 만든 무덤)
- **석축**(石築) 돌로 쌓아 만든 옹벽의 한 가지
- **성**(城) 신라의 성에는 궁성(宮城)과 산성(山城)이 있음.
- **성골**(聖骨) 신라 때의 골품(骨品)에서, 부모가 모두 왕족인 혈통, 또는 그 사람
- **세계문화유산** 세계유산이란 인류전체를 위해 보호되어야 할 현저한 보편적 가치가 있다고 인정되어 유네스코 세계유산 일람표에 등록한 문화재를 말하며 세계유산에는 '자연유산'과 '문화유산', '복합유산' 등 3가지가 있음.
- **수혈식**(竪穴式) 구덩이식(위에서 밑으로 주검을 넣도록 되어 있는 무덤양식)
- **순장**(殉葬) 딸려 묻음(주검을 장사 지낼 때 죽은 사람의 시종이나 동물을 함께 묻는 일)
- **시림**(始林) 계림 숲의 이전 이름. 김알지 탄생 상서가 있는 뒤로 '계림'이라 부름.
- **시사**(市肆) 시장 거리에 있는 상점
- **시상**(屍床) 시신을 놓는 상
- **시전**(市典) 신라 때 서울의 시전(市廛)에 설치한 관청
- **시호**(諡號) 현신(賢臣)이나 유현(儒賢)이 죽은 뒤에 임금이 추증(追贈)하는 이름, 또는 선왕의 공덕을 기리어 붙인 이름
- **식리**(飾履) 장례에 쓰이는 장식용 신. 보통 금동판으로 만들어 정교한 무늬가 조각되어 있음. 신라고분에서 많이 출토
- **식리총**(飾履塚) 노동동 고분군에 있음. 1924년 발굴조사. 식리 출토(제126호)
- **십이지신상**(十二支神像) 12종류의 동물상을 말함[자(子 : 쥐, 정북향), 축(丑 : 소), 인(寅 : 범), 묘

(卯 : 토끼, 정동향), 술(戌 : 개), 해(亥 : 돼지)]

- **안교(鞍橋)** 말 안장 틀
- **안압지(雁鴨池)** 통일 후의 문무왕 때에 만든 동궁(東宮)의 연못으로 원래의 이름은 월지(月池). 도교사상을 반영하였으며, 신라의 대표적 정원임.
- **양산재(楊山齋)** 6부촌장의 위패를 모시고 제사를 지내는 곳으로 탑동의 서남산의 양산(楊山) 아래에 있음.
- **연도(羨道)** 널 길. 고분의 입구에서, 시체를 안치한 현실(玄室)에 이르는 통로
- **영락(瓔珞)** 구슬을 꿰어 목, 팔 같은 몸에 다는 장식품. 장식 금속판
- **오릉(五陵)** 사릉(蛇陵)이라고도 하며 경주시 탑동 소재. 제1대 박혁거세, 알영부인, 제2대 남해, 제3대 유리, 제5대 파사왕의 무덤이 있는 공원
- **옹관묘(甕棺墓)** 독무덤(토기를 이용하여 만든 무덤)
- **완(盌)** 밥그릇(주발)
- **왕경(王京)** 신라 수도였던 서라벌(경주)을 의미
- **왕릉(王陵)** 임금의 무덤
- **외관(外棺)** 널(시체를 넣는 상자)을 담으려고 따로 짜 맞춘 큰 널
- **요패(腰佩)** 띠드리개(허리띠에 늘어뜨린 장식품)
- **용강동 고분** 1986년 발굴하였으며, 7세기 말~8세기 초의 석실분
- **원삼국시대(原三國時代)** 무문토기 시대에서 신라시대에 이르는 시기. 기원 전 2세기에서 기원 후

3세기 무렵까지의 시기를 말함.

- **원형분(圓形墳)** 둥근 모양의 무덤
- **월성(月城)** 반월성, 신월성. 신라의 정궁(正宮), 궁성. 재성(在城)으로도 표기
- **월지(月池)** 안압지의 원래 이름
- **유물(遺物)** 유적에서 출토, 발견된 고대인의 제작품
- **유적(遺跡)** 패총, 고분, 옛 건축물 등 고고학적 유물이 남아 있는 장소
- **육부(六部)** 사로 6촌에서 유리왕 때 6부로 바뀜. 사량부, 습비부, 급량부, 모량부, 본피부, 한기부를 말함.
- **은령총(銀鈴塚)** 노서동 140호분. 발굴 조사 후에 자리만 보존
- **음조(陰助)** (도움을 받는 사람도 모르게) 뒤에서 넌지시 도움.
- **이기(利器)** 날카로운 병기
- **이사금(尼斯今)** 신라시대 왕의 칭호 제3대~제16대 왕까지 사용됨(24년~355년). 이 시대의 왕의 무덤은 움무덤 양식
- **이서국(伊西國)** 지금의 청도군 이서면에 있었던 것으로 추정되는 나라
- **이식(耳飾)** 귀걸이

ㅈ

- **자기(磁器)** 사기그릇(도토, 장석, 규석, 백토를 원료로 하여 섭씨 1,200도 이상 구워서 만든 그릇)
- **장경호(長頸壺)** 목긴 항아리(신라 것은 어깨에 각이 진 경우가 많고, 네모창이 뚫고 다리가 상하로 엇갈리게 한 것이 많음)

- **장대석**(長臺石) 길게 다듬어 만든 돌
- **장신구**(裝身具) 사람의 몸을 치장하기 위한 물건
- **재갈**(馬銜) 말을 통제하기 위해 입을 물리는 것. 천마총 등에서 출토
- **재성**(在城) 임금이 거하는 성
- **적석**(積石) 돌무지(선사시대 무덤 가운데 고인돌이나 석관묘의 둘레에 쌓아둔 무덤보호 시설물)
- **적석목곽분**(積石木槨墳) 돌무지 덧널무덤. 나무곽 위를 냇돌로 덮고 흙을 쌓은 봉토 무덤으로 신라의 대표적 무덤 양식. 마립간 시대의 왕의 무덤 양식
- **적석부**(積石部) 무덤 위를 돌로 쌓아 올린 부분
- **적석총**(積石塚) 돌무지무덤(주검을 넣은 석관 위를 봉토를 덮지 않고 돌만으로 쌓아올린 무덤)
- **전랑지**(殿廊址) 북천 가에 있는 궁성자리
- **정전**(丁田) 신라 때 15세 이상의 남자에게 나라에서 나누어 주던 토지
- **조영물**(造營物) 궁궐이나 절, 무덤 등의 건물, 구조물을 세움.
- **주곽**(主槨) 부장품과 시신을 안치한 목관이 있는 부분
- **주옥**(珠玉) 구슬과 옥
- **죽현릉**(竹現陵) 미추왕릉의 다른 이름
- **지대석**(址臺石) 지대(밑바닥이나 둘레의 마당보다 높게 쌓은 부분)를 쌓은 돌. 석탑, 불상 등의 아래 부위를 받치는 땅과 접하는 돌
- **지석묘**(支石墓) 청동기시대 무덤(고인돌)으로, 경주 근처는 남방식이며, 거석문화의 일종
- **진골**(眞骨) 신라 때 골품(骨品)의 한 가지로 부모 양계(兩系) 중 어느 쪽이 한 대(代)라도 왕족이 아닌 혈통이 섞인 자손. 제29대 태종 무열왕 때부터 이에 딸림.

ㅊ

- **차차웅**(次次雄) 왕의 호칭으로 남해 차차웅(신라 2대왕) 때에만 사용
- **천마도**(말다래) 천마총 출토 말다래로 구름 위 하늘을 나는 흰말이 그려져 있음.
- **천마총 금관** 신라시대 금관 중 가장 크고 화려. 4단의 출(出)자 모양의 장식이 있음.
- **천마총**(天馬塚) 제155호분(대릉원 안에 있는 고분으로 천마도가 출토되었으며, 1973년 발굴 후 내부를 일반인에게 공개). 5세기 말에서 6세기 초 축조 추정
- **철겸** 낫
- **철경** 철제 거울
- **철기시대**(鐵器時代, Iron Age) 이기(利器)의 재료에 따라 구분하는 고고학상의 3시기법(석기·청동기·철기)에 따른 제3단계시대. 이 시대는 청동야금술(靑銅冶金術)뿐만 아니라 철의 야금술이 발명·보급되어, 이기가 철로 제작된 시대를 말함.
- **철도자** 철제 손칼
- **철모** 철제 창
- **철부** 쇠도끼
- **철정** 쇠못
- **철촉** 화살촉
- **청동기시대**(靑銅器時代, Bronze Age) 주요한 이기(利器)의 재료에 따라 구분하는 고고학상의 3시기법(三時期法 : 석기·청동기·철기)에 따른 시대의 제2단계. 청동의 야금술(冶金術)이 알려지고, 그에 따라 이기 등의 기구(器具)가 제작·사용되면서도 아직 철의 야금술이 알려져 있지 않은

시대를 말함.
- **초두**(鐎斗) 자루솥(긴 자루가 달리고 다리가 셋 있는 작은 솥)

ㅌ

- **탱석**(撑石) 면석과 봉토가 붕괴되지 않도록 지탱해 주는 돌. 고인돌
- **토광목곽묘**(土壙木槨墓) 덧널무덤. 구덩이를 파고 관을 넣은 곽 시설이 이루어진 무덤
- **토광묘**(土壙墓) 널무덤(주검을 널에 넣어 구덩이에 묻는 무덤)
- **토기**(土器) 잿물을 올리지 아니하고 진흙으로 만들어 구운 그릇의 총칭. 유약을 칠하지 않은 것이 도기(陶器)와의 차이. 형태별로는 장경호, 고배, 이형토기로 구분하며, 용도별로는 일상생활토기, 제기(祭器), 명기(明器 : 죽은 사람을 위해 묻어주는 기물)로 구분함.
- **토기유개합** 뚜껑이 있는 토기 그릇
- **토장묘**(土葬墓) 구덩무덤(구덩이를 판 뒤, 따로 널 따위를 쓰지 않고 직접 주검을 묻는 무덤양식)
- **통일신라**(統一新羅) 676년 삼국 통일을 완성한 후의 신라. 신라 제29대 무열왕 이전을 삼국시대, 그 이후를 통일신라시대로 크게 구분함.

ㅍ

- **파노라마VR**(Panorama Virtual Reality : PVR) 파노라마 또는 VR이란 이름으로 많이 사용되며, 온라인상의 인터넷 사용자가 실제의 공간을 방문하지 않고 방문한 것과 동일한 효과를 내는 기술
- **판석**(板石) 평평한 돌
- **패강장성**(浿江長城) 삼국통일 후 신라가 당나라의 침공을 막기 위해 쌓은 황주(황해북도)에서 곡

산에 이르는 약 1,200km의 긴 성

- **포석정(鮑石亭)** 포석골 입구에 위치. 유상곡수(流觴曲水)를 즐기던 이궁(離宮)의 유적(遺蹟)으로 흐르는 물에 술잔을 띄워 놀던 장소, 최근 천신에게 제사지내던 곳이라는 설이 강력히 제기되고 있음

- **표형분(瓢形墳)** 쌍무덤. 표주박 형태의 무덤.
  예) 황남대총이 여기에 해당됨. 호우총과 은령총을 합쳐서 표형분으로 보기도 함.

- **합(盒)** 뚜껑이 있는 작은 그릇
- **행엽(杏葉)** 위엄을 갖추기 위한 장식용구
- **현실(玄室)** 횡혈식(橫穴式) 고분 안에 있는, 관을 들여 놓는 방
- **호석(護石)** 둘레돌(무덤의 가장자리 기슭을 둘러 봉분의 흙이 흘러내리는 것을 막는 돌)
- **호우총** 140호분으로 노서동 고분군 내에 있었던 무덤. 1946년 우리 손으로 발굴한 최초의 무덤. 청동계 합(盒 : 뚜껑이 있는 그릇, 찬합)이 출토됨.
- **혼유석(魂遊石)** ① 상석(床石) 뒤 무덤 앞에 놓은 직사각형의 돌, ② 무덤의 봉분 앞에 놓는 직사각형의 돌. 영혼이 나와 놀게 설치한 것이라 함.
- **화랑도(花郎徒)** 신라 때 청소년으로 조직되었던 수양단체
- **화장묘(火葬墓)** 7세기부터 신라에 도입된 일반인이나 귀족의 무덤 양식
- **환두대도(環頭大刀)** 손잡이 머리 쪽에 고리가 달린 큰 칼
- **황남대총(皇南大塚)** 제98호분으로 대릉원 안에 있는 표형분으로 경주지역에서 제일 큰 무덤이며

1973~1975년 발굴함. 남분은 남자. 북분은 여자의 무덤이며 금관이 나옴. 순장이 확인됨.

- **황남동 고분군** 미추왕릉을 포함 250여 기의 고분 밀집해 있으며, 고분공원으로 조성한 대릉원 전체를 포함하여 계림로 양쪽의 고분. 대릉원 주차장 길 건너와 황남초등학교 앞 길 건너의 무덤까지 포함함(1963년 지정).

- **황룡사(皇龍寺)** 경상북도 경주에 있던 절. 신라 제24대 진흥왕 때 짓기 시작하여 선덕왕 14년(645년)에 완성, 구층탑(九層塔)과 장륙존상(丈六尊像)이 있었고, 신라 호국 신앙(護國信仰)의 중심이 되었음. 고려(高麗) 제23대 고종 25년(1238년) 몽고의 병화로 불탔음.

- **황오동 고분군** 황오동에 있는 무덤군. 팔우정 로터리 주위의 무덤으로 현재 지상에 봉분이 남아 있는 것은 10여 기(일제시대에는 70여 기 이상)

- **횡구식(橫口式)** 앞트기식(세 벽만을 쌓은 후 주검을 넣고 마지막으로 밖에서 벽을 쌓아 막는 무덤방식)

- **횡혈식(橫穴式)** 굴식(연도를 통해 현실로 들어가게 만든 무덤방식. 예) 횡혈식 석실분)

- **횡혈식석곽분(石槨墳)** 지증왕 이후의 신라 후반기의 대표적 묘제

- **후삼국(後三國)** 신라, 후백제, 태봉(궁예가 세움)을 일컬음.

- **후실(後室)** 뒷방(무덤에서 현실의 뒤쪽)

참고문헌

강만철·오익수, 〈청소년과 인터넷 문화〉, 『사회연구』 2, 2001.

강종훈, 〈고분을 통해 본 신라인의 의식세계 – 삶과 죽음을 하나로 엮은 도심의 무덤들〉, 『문화와 나』, 2001년 7·8호, 삼성문화재단.

김기웅, 『고분 유물』, 대원사, 1999.

김동규, 〈문화상품과 시장에 대한 연구〉, 『언론문화연구』 11, 1993.

김성범, 『문화재의 보존과 고고학적 발굴 – 경주지역을 중심으로』, 사단법인 신라문화진흥원 2001 전통문화체험 교원연수 강의 교재, 2001.

문화재관리국 문화재연구소, 『황남대총 남분발굴조사보고서(도판, 도면)』, 1994.

문화재관리국 문화재연구소, 『황남대총 남분발굴조사보고서(본문)』, 1994.

문화재관리국 문화재연구소, 『황남대총 북분발굴조사보고서(도판, 도면)』, 1985.

문화재관리국 문화재연구소, 『황남대총 북분발굴조사보고서(본문)』, 1985.

문화재연구소, 〈황남대총 발굴조사보고서 CD〉.

박영규, 『신라왕조실록』, 웅진닷컴, 2004.

박홍식, 『글로벌 시대 지방정부의 문화마케팅 전략』, 집문당, 2003.

엄명숙, 〈왕경 경주를 그리며 – 천년 전 역사 속의 서라벌을 거닐다〉, 대구은행 지역사랑지 『향토와 문화』 26, 2003. 4. 30.

여성구, 『신라왕조사』, 청솔, 2000.

이근직, 〈신라왕릉의 기원과 변천 – 삶 너머 또다른 세상에 담긴 신라의 예술과 사랑〉, 대구은행 지역사랑지 『향토와 문화』 26, 2003. 4. 30.

이송란, 〈고신라 금속공예품 연구-황남대총 장신구와 마구를 중심으로〉, 홍익대학교 대학원 박사학위논문, 2001.
이종선, 『고신라왕릉연구』, 학연문화사, 2000.
하일식, 〈천년왕경의 발달과 의미-신라에서의 천년, 그 후 천년〉, 『문화와 나』, 2001년 7·8호, 삼성문화재단.
함한희, 〈학부모세대와 사이버문화〉, 한양대학교 정보사회학과 전자도서관, 2004.
KBS 역사스페셜(제9회), 〈신라의 왕궁은 어디에 있었나?〉, 1998. 12. 19(토) 방송

웹페이지
http://www.gyeongju.go.kr/kor/main/index.asp. 경주시청 홈페이지, 문화예술관광 추천관광 VR가상여행.
http://gyeongju.museum.go.kr/. 국립경주박물관 사이버박물관.
http://www.ocp.go.kr/_new/main.jsp. 문화재청의 홈페이지, 사이버문화재탐방.
http://www.kjnamsan.co.kr/gallari/choi/line3-01.html. 남산연구소 홈페이지, 〈경주의 능묘〉에 대한 글들.
http://www.visualtype.co.kr/vr/cm.php. 고경래 교수의 메타포 VR 경주탐방.

표 차례

표 1-1   신라의 연대 구분과 특징 — 20
표 1-2   신라 왕들의 계보 — 21
표 1-3   신라 56왕의 재위 기간, 그들의 주요 치적과 활동 — 22
표 1-4   우리나라 주요 도시의 면적 — 41
표 1-5   신라 천년 고도 경주의 주요 연혁 — 42
표 1-6   대릉원 내 주요 왕릉의 규모 비교 — 55
표 3-1   황남대총 남분과 북분의 규모 비교 — 125
표 3-2   황남대총 남분과 북분의 출토유물 수 — 135
표 4-1   대릉원 가상현실관의 기본 조작법 설명 — 154
표 4-2   초기화면 버튼에 대한 설명 — 156

그림 차례

그림 1-1   당신의 N세대에 대한 이미지는 어떻습니까? — 14
그림 1-2   N세대에게 문화유산에 관심을 가지게 하기 위한 방법들 — 16
그림 1-3   경주 대릉원 황남대총의 객체 VR 화면 — 18
그림 1-4   아파트를 소개하는 파노라마 VR 화면 — 18
그림 1-5   자동차를 소개하는 객체 VR 화면 — 18
그림 1-6   고대도시 이탈리아의 폼페이 — 19
그림 1-7   대형 돌무지덧널무덤 : 황남대총 — 25
그림 1-8   굴식돌방무덤의 사례 : 일성왕릉 — 26
그림 1-9   큰 옹기를 사용하는 옹관묘 — 27
그림 1-10   대릉원 내에 있는 황남대총 표형분(쌍분) — 28
그림 1-11   경주시 구정동 방형분 — 30
그림 1-12   돌무지덧널무덤의 내부 구조(좌 : 원형분, 우 : 표형분) — 30

그림 1-13	신라왕릉의 호석 변화	31
그림 1-14	행정구역 기본단위인 1방의 크기	33
그림 1-15	신라 왕경 전체 360방 복원도	34
그림 1-16	신라 왕경 경주 반월성 복원도	35
그림 1-17	신라 왕경도 내의 황룡사, 분황사, 안압지 부근 복원도	35
그림 1-18	경주 반월성 북쪽에 있는 첨성대	36
그림 1-19	경주 반월성 동북쪽에 있는 안압지	36
그림 1-20	신라시대 왕경 경주의 외곽지역 경계	38
그림 1-21	경주시의 경계	40
그림 1-22	경주시의 현대 지도	40
그림 1-23	경주의 시내 유적지와 대릉원 위치	43
그림 1-24	대릉원 소재 천마총의 외관	44
그림 1-25	무덤 내부가 공개된 천마총 입구	45
그림 1-26	시신을 안치한 천마총의 목곽 공개 모습	45
그림 1-27	천마총에서 발굴된 천마도 말다래	45
그림 1-28	일반인들에게 공개된 천마총 내부 모습	45
그림 1-29	천마총 가상현실관 : 입구 1(원경)	46
그림 1-30	천마총 가상현실관 : 입구 2(근경)	47
그림 1-31	천마총 가상현실관 : 유물전시 모습	47
그림 1-32	천마총 가상현실관 : 목곽적석분의 모습	48
그림 1-33	천마총 가상현실관 : 목곽적석분의 근경	48
그림 1-34	천마총 가상현실관 : 전시유물 1	49
그림 1-35	천마총 가상현실관 : 전시유물 2	49
그림 1-36	천마총 가상현실관 : 전시유물 3	50
그림 1-37	천마총 가상현실관 : 전시유물 4	50
그림 1-38	천마총 가상현실관 : 전시유물 5	51
그림 1-39	천마총 가상현실관 : 전시유물 6	51
그림 1-40	천마총 가상현실관 : 전시유물 7	52

그림 1-41	천마총 가상현실관 : 전시유물 8	52
그림 1-42	천마총 가상현실관 : 전시유물 9	52
그림 1-43	미추왕릉	53
그림 1-44	황남대총 북분의 규모	55
그림 1-45	황남대총을 가까이에서 본 모습	55
그림 1-46	황남대총을 멀리서 본 모습	55
그림 2-1	오릉 전경	57
그림 2-2	삼릉 전경	58
그림 2-3	대릉원 전경	59
그림 2-4	서악리고분군 전경	60
그림 2-5	일성왕릉 전경	61
그림 2-6	미추왕릉 전경	62
그림 2-7	내물왕릉 전경	63
그림 2-8	법흥왕릉 전경	64
그림 2-9	진흥왕릉 전경	65
그림 2-10	진평왕릉 전경	66
그림 2-11	선덕여왕릉 전경	67
그림 2-12	진덕여왕릉 전경	68
그림 2-13	무열왕릉 전경	69
그림 2-14	문무대왕릉 전경	70
그림 2-15	신문왕릉 전경	71
그림 2-16	효소왕릉 전경	72
그림 2-17	성덕왕릉 전경	73
그림 2-18	경덕왕릉 전경	74
그림 2-19	원성괘릉(경주괘릉) 전경	75
그림 2-20	헌덕왕릉 전경	76
그림 2-21	흥덕왕릉 전경	77
그림 2-22	희강왕릉 전경	78

그림 2-23 민애왕릉 전경 ──── 79
그림 2-24 문성왕릉 전경 ──── 80
그림 2-25 헌안왕릉 전경 ──── 81
그림 2-26 헌강왕릉 전경 ──── 82
그림 2-27 정강왕릉 전경 ──── 83
그림 2-28 효공왕릉 전경 ──── 84
그림 2-29 경애왕릉 전경 ──── 85
그림 2-30 경순왕릉 전경 ──── 86
그림 2-31 대릉원 영상물 설치하기 1 ──── 88
그림 2-32 대릉원 영상물 설치하기 2 ──── 88
그림 2-33 대릉원 영상물 설치하기 3 ──── 89
그림 2-34 대릉원 영상물 설치하기 4 ──── 89
그림 2-35 지구의 문화 중심에 있는 신라 ──── 94
그림 2-36 비밀 속에 있었던 신라역사와 문화 ──── 95
그림 2-37 점점 밝혀지는 신라역사와 문화 ──── 95
그림 2-38 문무왕의 삼국통일 ──── 95
그림 2-39 선덕여왕의 첨성대 축조 : 비상하는 신라 ──── 95
그림 2-40 현대인과 함께 공존하는 왕릉문화 ──── 96
그림 2-41 천마총에서 발굴된 천마도 말다래 ──── 96
그림 2-42 대릉원 황남대총의 목곽 축조 재현 ──── 96
그림 2-43 대릉원 가상현실 황남대총의 비밀 ──── 96
그림 2-44 경주나정 앞의 풍요로운 들녁 ──── 97
그림 2-45 경주나정 옆에 위치하고 있는 양산제 ──── 97
그림 2-46 선덕여왕의 첨성대 축조 ──── 98
그림 2-47 문무왕의 삼국통일 위업 달성(문무대왕릉) ──── 98
그림 2-48 삼국통일 대업을 도운 김유신 장군(동상) ──── 98
그림 2-49 신라 마지막 왕인 경순왕(포석정) ──── 98
그림 2-50 현대의 경주와 거대한 고분군 대릉원의 모습 ──── 99

그림 2-51   새천년의 꿈과 미소로 되살아나는 경주 서라벌 땅 ——————— 100
그림 2-52   시내를 멀리서 바라볼 때 가장 눈에 띄는 것은 고분군 ——————— 101
그림 2-53   시내 중간에 우뚝 솟아 있는 거대한 고분군들(대릉원) ——————— 102
그림 2-54   대릉원 안에 있는 천마총 ——————— 102
그림 2-55   대릉원 안에 있는 황남대총 ——————— 102
그림 2-56   거대한 고분들이 밀집해 있는 경주시 황남동 고분군 ——————— 102
그림 2-57   일반인들에게 내부가 공개되고 있는 천마총 ——————— 103
그림 2-58   시신을 안치했던 목곽 안 전시 모습 ——————— 103
그림 2-59   천마총에서 발굴된 유물 소개 : 천마도 말다래 ——————— 103
그림 2-60   천마총에서 발굴된 유물 소개 : 곡옥 및 반지 ——————— 103
그림 2-61   천마총에서 발굴된 유물 소개 : 귀고리 및 팔찌 ——————— 104
그림 2-62   천마총에서 발굴된 유물 소개 : 금관 ——————— 104
그림 2-63   천마총에서 발굴된 유물 소개 : 금동제소합 ——————— 104
그림 2-64   천마총에서 발굴된 유물 소개 : 금제모자 ——————— 104
그림 2-65   천마총에서 발굴된 유물 소개 : 나비모양관장식 ——————— 105
그림 2-66   천마총에서 발굴된 유물 소개 : 금제허리띠 ——————— 105
그림 2-67   천마총에서 발굴된 유물 소개 : 새날개모양관장식 ——————— 105
그림 2-68   황남대총 소개 화면 ——————— 106
그림 2-69   황남대총의 발굴 모습 ——————— 107
그림 2-70   황남대총 가상현실 제작의 필요성 ——————— 107
그림 2-71   황남대총을 멀리서 바라본 모습 ——————— 108
그림 2-72   황남대총의 크기 ——————— 108
그림 2-73   황남대총에서 출토된 유물의 수 ——————— 109
그림 2-74   황남대총에서 발굴된 유물 소개 : 금관 ——————— 109
그림 2-75   황남대총에서 발굴된 유물 소개 : 금동제식리 ——————— 110
그림 2-76   황남대총에서 발굴된 유물 소개 : 금제고배 ——————— 110
그림 2-77   황남대총에서 발굴된 유물 소개 : 금제조익형관식 ——————— 110
그림 2-78   황남대총에서 발굴된 유물 소개 : 금팔찌 ——————— 110

그림 2-79　황남대총에서 발굴된 유물 소개 : 금제 과대 및 요패 ——— 111
그림 2-80　황남대총에서 발굴된 유물 소개 : 채화방추자형석기 ——— 111
그림 2-81　황남대총에서 발굴된 유물 소개 : 은제관모 ——— 111
그림 2-82　황남대총에서 발굴된 유물 소개 : 타출문은잔 ——— 111
그림 2-83　황남대총에서 발굴된 유물 소개 : 은제경갑 ——— 112
그림 2-84　황남대총에서 발굴된 유물 소개 : 금은장환두대도 ——— 112
그림 2-85　황남대총에서 발굴된 유물 소개 : 투조금동판피옥충안교장식구 ——— 112
그림 2-86　황남대총에서 발굴된 유물 소개 : 흑갈유자기소병 ——— 112
그림 2-87　황남대총에서 발굴된 유물 소개 : 목심흑칠안교 ——— 113
그림 2-88　황남대총에서 발굴된 유물 소개 : 흉식 ——— 113
그림 2-89　황남대총에서 발굴된 유물 소개 : 봉수형유리병 ——— 113
그림 2-90　황남대총에서 발굴된 유물 소개 : 청동경 ——— 113
그림 2-91　황남대총의 축조과정 1 ——— 114
그림 2-92　황남대총의 축조과정 2 ——— 114
그림 2-93　황남대총의 축조과정 3 ——— 114
그림 2-94　황남대총의 축조과정 4 ——— 115
그림 2-95　황남대총의 축조과정 5 ——— 115
그림 2-96　황남대총의 축조과정 6 ——— 115
그림 2-97　황남대총의 축조과정 7 ——— 115
그림 2-98　황남대총에서 출토된 순장자의 유골과 마구(馬具) ——— 116
그림 2-99　신라인들의 순장 풍습 ——— 117
그림 2-100　산 채로 순장자를 매장하는 순장제도 ——— 117
그림 2-101　천마총을 관람하는 사람들 ——— 118
그림 2-102　일반인들의 황남대총에 대한 관람 욕구 ——— 118
그림 2-103　대릉원 가상현실관 천마총 입구 ——— 119
그림 2-104　대릉원 가상현실관 천마총 내부 모습 ——— 120
그림 2-105　대릉원 가상현실관 황남대총 입구 ——— 120
그림 2-106　황남대총 남분 가상현실 재현 모습 1 ——— 120

그림 2-107   황남대총 남분 가상현실 재현 모습 2 — 120

그림 2-108   황남대총 남분 가상현실 재현 모습 3 — 121

그림 2-109   황남대총 북분 가상현실 재현 모습 1 — 121

그림 2-110   황남대총 북분 가상현실 재현 모습 2 — 121

그림 2-111   대릉원 가상현실관 마지막 종료 화면 — 121

그림 3-1   축구장의 크기와 아파트의 높이 — 124

그림 3-2   황남대총의 크기 — 124

그림 3-3   황남대총 발굴 단면도 — 126

그림 3-4   황남대총 남분의 적석부 단면도 — 128

그림 3-5   황남대총 북분의 적석부 목조가구 복원 — 128

그림 3-6   황남대총 남분의 목곽부 평면도(上) 및 단면도(下) — 129

그림 3-7   황남대총 남분 주부곽 출토 전경 — 130

그림 3-8   황남대총 남분의 주곽 유물 출토상태 — 130

그림 3-9   황남대총 남분의 주곽내 부장품수장부 출토 전경 — 130

그림 3-10   황남대총 남분의 부곽 출토 전경 — 130

그림 3-11   가상현실로 구현한 남분의 주곽(右)과 부곽(左) 모습 — 130

그림 3-12   신라 제17대 내물왕 가계도 — 131

그림 3-13   황남대총의 순장자 유골 출토 부분 — 133

그림 3-14   북분에서 출토된 왕관에 쓰였던 장식물들 — 136

그림 3-15   왕관에 쓰이는 곡옥(左), 수식(中), 영락(右) — 136

그림 3-16   황남대총 남분의 부곽 유물 출토상태 — 136

그림 3-17   남분 출토 금동관 — 137

그림 3-18   남분 출토 금제조익형관식 — 137

그림 3-19   남분 출토 은제관모 — 138

그림 3-20   남분 출토 금제경식 — 138

그림 3-21   남분 출토 금제지환(左)과 은제지환(右) — 138

그림 3-22   남분 출토 금제태환수식(左)과 금제세환수식(右) — 138

그림 3-23   남분 출토 흉식 — 138

그림 3-24　　남분 주곽출토 금제요패수식 　139
그림 3-25　　남분 출토 각종 구슬(左)과 곡옥(右) 　139
그림 3-26　　남분 출토 금동제식리 　139
그림 3-27　　남분 출토 금제관수식 　139
그림 3-28　　남분 출토 금제 과대 및 요패 　139
그림 3-29　　남분 출토 금은장환두대도 　140
그림 3-30　　남분 출토 은제경갑 　140
그림 3-31　　남분 출토 철제환두대도 출토상태 　140
그림 3-32　　남분 출토 철부 출토상태 　140
그림 3-33　　남분 출토 목심흑칠안교 　141
그림 3-34　　남분 출토 투조금동판피옥충안교 　141
그림 3-35　　남분 출토 목심금동판피등자(上)와 투조금동장경판(下) 　141
그림 3-36　　남분 출토 금제완 　142
그림 3-37　　남분 출토 은제완 　142
그림 3-38　　남분 출토 은제소합 　142
그림 3-39　　남분 출토 청동제소합 　142
그림 3-40　　남분 출토 은제국자 　142
그림 3-41　　남분 출토 봉수형유리병 　143
그림 3-42　　남분 출토 유리배(上)와 유리완(下) 　143
그림 3-43　　남분 출토 토기 　143
그림 3-44　　남분 출토 칠기 　143
그림 3-45　　북분 출토 금동관 　144
그림 3-46　　북분 출토 금제태환수식 　144
그림 3-47　　북분 출토 금제수식 　144
그림 3-48　　북분 출토 금제 과대와 요대 　145
그림 3-49　　북분 출토 금반지 　145
그림 3-50　　북분 출토 경흉식 　145
그림 3-51　　북분 출토 각종 구슬(上)과 곡옥(下) 　145

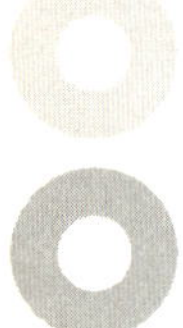

그림 3-52   북분 출토 금팔찌 ——————————————————— 145
그림 3-53   북분 출토 채화방추자형 석기 ——————————— 146
그림 3-54   북분 출토 철제삼지창(左)과 철겸(右) ——————— 146
그림 3-55   북분 출토 철도자(左)와 철모(右) ———————— 146
그림 3-56   북분 출토 금제고배 ——————————————————— 147
그림 3-57   북분 출토 은제고배 ——————————————————— 147
그림 3-58   북분 출토 타출문은잔 ———————————————— 147
그림 3-59   북분 출토 흑갈유자기소병(左)과 유리배(右) ——— 147
그림 3-60   북분 출토 대부유리배 ———————————————— 148
그림 3-61   북분 출토 칠기의 동물그림 ——————————— 148
그림 3-62   북분 출토 쇠솥 ————————————————————— 148
그림 3-63   북분 출토 토기고배(左), 토기개배(右上), 토기대부장경호(右下) ——— 148
그림 3-64   북분 출토 토기유개합 ———————————————— 148
그림 3-65   북분 출토 녹유자기병(左)과 토기호(右) ————— 148
그림 3-66   북분 출토 투조금동제행엽(左)과 철제교구(右) ——— 149
그림 3-67   북분 출토 청동제마탁 ———————————————— 149
그림 4-1   대릉원 가상현실관 설치하기 1 ————————— 151
그림 4-2   대릉원 가상현실관 설치하기 2 ————————— 151
그림 4-3   대릉원 가상현실관 설치하기 3 ————————— 152
그림 4-4   대릉원 가상현실관 설치하기 4 ————————— 152
그림 4-5   대릉원 가상현실관 설치하기 5 ————————— 153
그림 4-6   대릉원 가상현실관 시작하기 ——————————— 153
그림 4-7   대릉원 가상현실관 초기화면 ——————————— 156
그림 4-8   천마총 입구가기 진행 1 : 대릉원 입구를 막 들어가는 화면 ——— 157
그림 4-9   천마총 입구가기 진행 2 : 입구 통과 후 화면 ——— 158
그림 4-10   천마총 입구가기 진행 3 : 입구 통과 후 화면 ——— 158
그림 4-11   천마총 입구가기 진행 4 : 입구 통과 후 화면 ——— 159
그림 4-12   천마총 입구가기 진행 5 : 입구 통과 후 화면 ——— 159

그림 4-13   천마총 입구가기 진행 6 : 입구 통과 후 화면 ——— 159

그림 4-14   천마총 입구가기 진행 7 : 천마총 입구 도착 화면 ——— 159

그림 4-15   대릉원 가상현실관 초기화면 ——— 160

그림 4-16   황남대총입구 표지판 앞 도착 화면 ——— 160

그림 4-17   황남대총입구 표지판 앞에서 천마총 진행 화면 1 ——— 160

그림 4-18   황남대총입구 표지판 앞에서 천마총 진행 화면 2 ——— 161

그림 4-19   황남대총입구 표지판 앞에서 천마총 진행 화면 3 ——— 161

그림 4-20   황남대총입구 표지판 앞에서 천마총 진행 화면 4 ——— 161

그림 4-21   황남대총입구 표지판 앞에서 천마총 진행 화면 5 ——— 161

그림 4-22   황남대총입구 표지판 앞에서 천마총 진행 화면 6 ——— 162

그림 4-23   천마총 표지판 앞에서 천마총 진행 화면 1 ——— 162

그림 4-24   천마총 표지판 앞에서 천마총 진행 화면 2 ——— 162

그림 4-25   천마총 표지판 앞에서 천마총 도착 화면 ——— 162

그림 4-26   천마총 입구에서 천마총 내부로 들어가기 1 ——— 163

그림 4-27   천마총 입구에서 천마총 내부로 들어가기 2 ——— 163

그림 4-28   천마총 내부 둘러보기 1 ——— 163

그림 4-29   천마총 내부 둘러보기 2 ——— 164

그림 4-30   천마총 내부 둘러보기 3 ——— 164

그림 4-31   천마총 내부 둘러보기 4 ——— 164

그림 4-32   천마총 내부 둘러보기 5 ——— 164

그림 4-33   천마총 내부 둘러보기 6 ——— 165

그림 4-34   천마총 내부 둘러보기 7 ——— 165

그림 4-35   천마총 출구로 나가는 화면 1 ——— 165

그림 4-36   천마총 출구로 나가는 화면 2 ——— 165

그림 4-37   대릉원 입구 출발 화면 ——— 166

그림 4-38   황남대총 표지판 앞 도착 화면 ——— 166

그림 4-39   황남대총 입구로 들어가기 1 ——— 167

그림 4-40   황남대총 입구로 들어가기 2 ——— 167

그림 4-41	황남대총 입구로 들어가기 3	168
그림 4-42	황남대총 남분 내부 둘러보기 1 : 주곽과 부곽	168
그림 4-43	황남대총 남분 내부 둘러보기 2 : 주곽	168
그림 4-44	황남대총 남분 내부 둘러보기 3 : 부곽	168
그림 4-45	황남대총 북분으로 이동하기	169
그림 4-46	황남대총 북분 내부 둘러보기 1	169
그림 4-47	황남대총 북분 내부 둘러보기 2	169
그림 4-48	황남대총 북분 내부 둘러보기 3	169
그림 4-49	황남대총 북분 내부 둘러보기 4	170
그림 4-50	황남대총 출구로 나가는 화면 1	170
그림 4-51	황남대총 출구로 나가는 화면 2	170
그림 4-52	황남대총을 빠져나온 화면	170
부록 그림 1	대릉원 관람하기	172
부록 그림 2	천마총 관람하기	172
부록 그림 3	미추왕릉 관람하기	173
부록 그림 4	노서리고분군 관람하기	173
부록 그림 5	노동리고분군 관람하기	174
부록 그림 6	무열왕릉 관람하기	174
부록 그림 7	금척리고분군 관람하기	175
부록 그림 8	문무대왕릉 관람하기	175
부록 그림 9	서오릉 관람하기	178
부록 그림 10	정릉 관람하기	178
부록 그림 11	황남대총 관람하기	179
부록 그림 12	탈해왕릉 관람하기	179
부록 그림 13	노동리고분군 관람하기	180
부록 그림 14	황남동고분군 관람하기	180
부록 그림 15	괘릉 관람하기	180
부록 그림 16	선덕여왕릉 관람하기	180

부록 그림 17　불국사 관람하기 ——————————————————— 182
부록 그림 18　안압지1 관람하기 ——————————————————— 183
부록 그림 19　안압지2 관람하기 ——————————————————— 183
부록 그림 20　괘릉1 관람하기 ———————————————————— 183
부록 그림 21　괘릉2 관람하기 ———————————————————— 183
부록 그림 22　천마총 관람하기 ——————————————————— 184
부록 그림 23　고선사지3층탑 관람하기 ——————————————— 184
부록 그림 24　첨성대 관람하기 ——————————————————— 184
부록 그림 25　대릉원 관람하기 ——————————————————— 184
부록 그림 26　고고관 관람하기 1 —————————————————— 191
부록 그림 27　고고관 관람하기 2 —————————————————— 191
부록 그림 28　고고관 관람하기 3 —————————————————— 191
부록 그림 29　고고관 관람하기 4 —————————————————— 191
부록 그림 30　안압지관 관람하기 1 ————————————————— 192
부록 그림 31　안압지관 관람하기 2 ————————————————— 192
부록 그림 32　안압지관 관람하기 3 ————————————————— 192
부록 그림 33　미술관 관람하기 1 —————————————————— 193
부록 그림 34　미술관 관람하기 2 —————————————————— 193
부록 그림 35　미술관 관람하기 3 —————————————————— 193
부록 그림 36　미술관 관람하기 4 —————————————————— 193
부록 그림 37　미술관 관람하기 5 —————————————————— 193